2023年度安徽省社会科学院博士基金项目（AASS2305）
2023年度安徽省社会科学创新发展研究课题（2023CX041）

中国生态转移支付的政策效应研究

夏梦丽◎著

中国财经出版传媒集团
经济科学出版社
Economic Science Press
·北京·

图书在版编目（CIP）数据

中国生态转移支付的政策效应研究／夏梦丽著．
北京：经济科学出版社，2025．1．-- ISBN 978-7-5218-6058-0

Ⅰ．X-012

中国国家版本馆 CIP 数据核字第 2024M2X463 号

责任编辑：卢玥丞　杨金月
责任校对：徐　昕
责任印制：范　艳

中国生态转移支付的政策效应研究
ZHONGGUO SHENGTAI ZHUANYI ZHIFU DE ZHENGCE XIAOYING YANJIU
夏梦丽　著
经济科学出版社出版、发行　新华书店经销
社址：北京市海淀区阜成路甲 28 号　邮编：100142
总编部电话：010-88191217　发行部电话：010-88191522
网址：www.esp.com.cn
电子邮箱：esp@esp.com.cn
天猫网店：经济科学出版社旗舰店
网址：http://jjkxcbs.tmall.com
北京季蜂印刷有限公司印装
710×1000　16 开　13.25 印张　160000 字
2025 年 1 月第 1 版　2025 年 1 月第 1 次印刷
ISBN 978-7-5218-6058-0　定价：92.00 元

前言
PREFACE

改革开放以来，中国政府始终高度重视提升经济发展质量，强调经济社会发展与环境保护相协调。特别是党的十八大以来，党中央协调推进“五位一体”总体布局和“四个全面”战略布局，把生态文明建设摆在突出重要的位置；党的十九大报告全面阐述了加快生态文明体制改革、推进绿色发展、建设美丽中国的战略部署，第一次将“坚持人与自然和谐共生”纳入新时代坚持和发展中国特色社会主义的基本方略，为中国进一步推进生态文明建设指明了路线图；党的二十大报告指出坚持绿水青山就是金山银山的理念，纵深推进污染防治攻坚，进一步健全生态文明制度体系。与此对应，我国分别在不同发展阶段提出了生态文明建设系列政策，制定了由上至下的多层次政策体系。但从我国发展实践来看，资源环境仍旧为经济发展付出了极为沉重的代价。

财政是国家治理的基础和重要支柱，中央财政通过加大投入、税收减免等多项直接或间接政策积极参与生态环境治理，有效遏制了环境污染趋势。但由于生态环境问题的复杂性和长期性，以及其伴随的公平和效率问题，环境治理难度仍旧较大。生态转移支付作为一种新的环境治理财政工具，建立的以生态环境保护成本和收益对等为原则的政府间财政性补偿机制，能够在中央财政事权及中央地方共同财政事权清晰界定的背景下，为地方政府提供有效激励，并为生态环境保护领域中所存在的正负外部性问题提供新的解决思路。

当前，中国生态转移支付已初步呈现出以重点领域、重点区域为主的纵向转移支付和以重点流域、主要城市空气质量为试点的横向转移支付交相辉映的基本雏形。但政策效应究竟如何？政策进路如何设计？还有待考量。本书选取重点生态功能区纵向财政转移支付和新安江生态补偿横向转移支付为典型样本，利用理论和实践分析、定性和计量模型相结合的方法，从财政三大职能，即收入分配、资源配置和稳定经济的角度考察生态转移支付政策效应，再结合典型案例分析，优化生态转移支付政策设计。

一是全面构建生态转移支付的理论框架。首先，结合国内外现有的生态转移支付研究成果，明晰生态转移支付的内涵和外延，辨析生态转移支付、公共财政转移支付和生态补偿之间的区别；其次，从生态要素禀赋、生态供需错配和财政对等原则出发，阐释生态转移支付的理论渊源；最后，根据公共品、环境分权和财政失衡理论，讨论生态转移支付的资源配置职能；基于环境贫困和环境恩格尔曲线，论述生态转移支付的收入分配职能；通过构建博弈演化模型，讨论生态转移支付政策如何实现生态与经济协同的绿色发展职能。

二是系统归纳生态转移支付的演变特征。全面梳理我国改革开放以来、特别是党的十八大以来生态财政转移支付的政策文件，总结森林、草原、湿地等重点领域和重点生态功能区纵向转移支付政策演化特征；总结以“对口支援”为雏形、“生态补偿”为试点的横向转移支付政策演化特征；以重点生态功能区转移支付为核心，深度剖析财政分配标准、资金规模和分配范围，系统归纳生态转移支付的现实特征。

三是实证测度生态转移支付的政策效应。以重点生态功能区转移支付为典型样本，利用宏观省级数据、家庭追踪微观调查数据和财政部依申请公开的县域数据，结合熵值法、主成分分析法等构建指标体系，利用双向固定效应模型、多期双重差分等计量模型，识别生态转移支付的基本公共服务及均等化效应、收入分配效应和生态经济协同的绿色发展效应；讨论生态转移支付调节财政失衡提高基本公共服务供给的作用机制，以及生态转移支付的基本公共服务及均等化效应在区域间的异质性；探索生态转移支付提高农民收入进而改善收入分配的作用机制，以及生态转移支付的亲贫性和输血性；验证生态转移支付与金融政策协同对绿色发展效率的促进作用，以及财政自主度的调节效应。

四是实地调研生态转移支付的政策实践。以新安江生态补偿为典型实践案例，利用收集的横向和纵向生态转移支付资金数据，深入探讨流域生态转移支付资金在各区域的使用安排；利用问卷访谈、调研数据和相关部门的统计数据，分析上游各区域资金的使用安排和使用效果，从提升基本公共服务、调节收入分配、实现绿色发展方面分析资金使用效果；结合生态转移支付试点效果，全面梳理总结生态补偿在安徽省大别山区、皖苏滁河流域、地表水断面以及长江干流等区域的推广应用。

五是精准提出生态转移支付政策的优化方案。面对生态转移支付实现收入分配效应和基本公共服务改善效应的正向结果，以及造血能力和绿色发展效应不强的负向结论，提出应科学制定生态转移支付标准、创新生态产业发展模式、提高自我造血能力、综合运用政策工具箱、提升政策协同水平、完善省以下生态转移支付制度、推进省以下财政体制改革、构建“纵向+横向”生态财政转移支付的网络框架等具体政策建议。

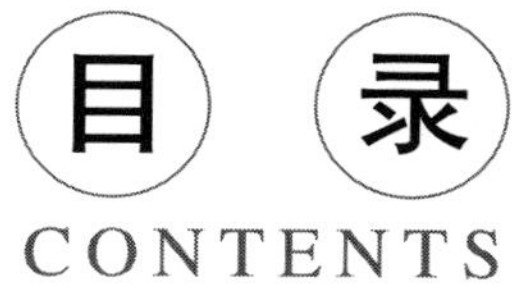

目录 CONTENTS

Chapter 1 第1章 绪 论

1.1 选题背景和研究意义

1.1.1 选题背景

传统经济发展模式导致的不平衡、不协调、不可持续问题依旧突出，基本公共服务在地方政府层面的表现仍处弱势，生态保护与经济发展之间的矛盾尚未得到根本性扭转，如此导致的一系列突出矛盾和问题严重影响了第二个百年奋斗目标共同富裕的推动进程。习近平总书记强调，环境就是民生，青山就是美丽，蓝天也是幸福。① 2005 年 8 月 15 日，时任浙江省委书记的习近平在浙江安吉县余村调研时，首次提出“绿水青山就是金山银山”的重要论述。② 其中，“绿水青山”蕴藏了大自然中丰富的生态价值和生态效益，是人类践行可持续发展、实现永续发展必须

① 习近平：环境就是民生，青山就是美丽，蓝天也是幸福［EB/OL］. 人民网，2018－02－23.

② “两山论”引领“十四五”高质量绿色发展［EB/OL］. 人民网，2020－08－15.

依赖的优质生态环境，而“金山银山”则包含了人类社会资源利用过程中产生的经济价值和经济效益，是人类赖以生存和发展所必需的一切社会物质生活条件。绿水青山和金山银山两者看似对立矛盾，实则辩证统一。金山银山要以绿水青山打“底色”，绿水青山要为金山银山保“成色”，因此金山银山为绿水青山的长久维持和保护提供物质保障。这自然提出了一个极具理论价值和现实意义的重要问题：如何实现既要绿水青山、又要金山银山的双重目标，达成经济社会发展和生态环境保护的双统筹、双促进？

西方资本主义国家先污染后治理“竭泽而渔”型的现代化发展模式和我国改革开放进程中发生的局部环境污染问题很好地印证了这一观点：生态文明建设的步伐必须领先于物质文明发展，否则一系列难以估量的生态环境问题将频繁出现，成为阻碍人类社会高质量发展的重要瓶颈（张朝举等，2021）。生态环境的公共产品属性和环境保护的经济正外部性，决定了仅靠自发的价格机制难以解决好经济活动中污染的负外部性问题和资源配置的最优化问题，同样也无法承担起环境保护的有效供给。环境领域的“公地悲剧”“搭便车”等“市场失灵”问题是政府主导环境治理的逻辑起点（田淑英等，2022）。因此，提高地方政府环境治理的积极性便成为发挥生态保护政策效应的关键所在。作为新型政府间转移支付制度，生态转移支付是一种以生态保护成本与收益对等为原则的政府间财政性补偿机制，能够通过提供直接的财政激励，实现兼顾和协调不同利益主体、不同环节以及代际之间的利益分配（陈诗一等，2022），进而弥补生态环境领域存在正外部性不足和负外部性约束无力的缺陷（徐鸿翔等，2017），推进经济发展与生态环境保护双效机制的构建。

2009 年《国家重点生态功能区转移支付（试点）办法》的提出，标志着中国生态转移支付的正式启动，象征着生态文明建设达到新的高度。

党的十八届三中全会通过的《中共中央关于全面深化改革若干重大问题的决定》中，第一次提出推动建立地区间横向生态补偿机制，再一次拓展了中国生态财政转移支付的维度。中共中央、国务院先后发布了《关于加快推进生态文明建设的意见》《生态文明体制改革总体方案》《关于健全生态保护补偿机制的意见》《关于深化生态保护补偿制度改革的意见》，均明确了我国生态财政转移支付的重点领域，推动我国生态保护补偿工作快速发展。目前，中国已基本形成补偿领域日益全面、支付手段多样发展、社会主体多元参与，以重点生态功能区为代表的纵向生态转移支付和以新安江流域生态保护补偿为代表的横向生态转移支付“纵横并举”的实践格局，并初步实现了提升地方政府保障基本公共服务供给、缓解收入差距和推动生态与经济协同发展的环境财政职能。

1.1.2 研究意义

加快推进生态文明顶层设计和制度体系建设是生态文明建设至关重要的一环，如何通过制度设计发挥政府在环境治理中的主导作用、增强地方政府的环境治理激励是备受关注的话题，生态转移支付作为一种新的环境治理财政工具被提出和广泛研究。生态转移支付与公共财政转移支付和生态补偿的区别是什么？生态转移支付具有哪些理论遵循？我国生态财政转移支付处于何种发展阶段？生态转移支付是否实现了财政的三大职能？又有哪些具体实践？生态转移支付下一步该何去何从？准确认识和厘清这些问题，有助于加快我国生态保护补偿机制体系的发展、澄清政府主导生态环境治理的争议、促进生态产品价值和共同富裕的实现，对于推进经济社会绿色低碳转型发展、加快生态文明建设及推动国家治理体系和治理能力现代化极具理论价值和现实意义。

一是拓宽现有财政促进生态文明建设的研究视角，搭建生态财政转移支付的分析框架。财政作为国家治理的基础和重要支柱，其激励、协调和补偿属性，在促进生态文明建设的进程中具有天然的优势。科学回答生态环境保护与经济社会发展、政府主导生态环境治理、生态产品价值实现、政府间环境事权和支出责任划分等一系列重要问题，明确生态转移支付的概念内涵、类型划分、理论基础和现实需求，梳理顶层设计和具体实践的演进历程，厘清生态财政转移支付实现财政职能的作用机制，评估生态转移支付政策的作用效果，有利于拓宽现有关于转移支付制度研究的视角。

二是为我国生态文明建设提供有效的政策选择，提高财政治理能力，助力治理体系现代化。梳理总结生态转移支付在补偿领域、补偿手段和参与主体等方面的特征，以纵向生态财政转移支付和横向生态财政转移支付等政策手段为例，明确“中央政府—地方政府”和“地方政府—地方政府”之间环境治理的事权和支出责任，构建推动生态产品价值实现的财政转移支付政策库，总结财政政策在绿色低碳发展与经济高质量发展中的重要作用，通过财政牵引经济社会绿色低碳发展，能够更好地推动实现国家治理能力和治理体系现代化。

三是助力推进生态经济协调发展实现共同富裕，加快实现人与自然和谐共生的中国式现代化。生态转移支付最突出的优势和特点是能够缩小收入差距，改善基本公共服务水平，统筹推进生态经济协调发展，通过财政资金撬动和引导社会资源的流向，加快生态产品价值实现，解决区域间发展不平衡不充分问题，并将良好生态环境作为最普惠的民生福祉助力实现国家共同富裕的战略目标，加快推进人与自然和谐共生的中国式现代化。

1.2 文献综述

1.2.1　纵向生态转移支付相关研究

生态财政转移支付（ecological fiscal transfers，EFT）依据保护区等生态标准，在不同政府级别间重新分配税收收入，被认为是一项激励公共部门提供环境产品和服务的创新工具（Ring，2002；Santos et al.，2010）。纵向生态财政转移支付拥有以下几点优势：一是它本身并不需要额外的资金，但可以改变现有的转移支付的分配方案；二是它可以补偿由于土地使用限制所造成的溢出效应、机会成本或其他在生态保护方面的支出；三是它能够激励生态保护区的建立（May et al.，2012；Ring，2008；Grieg-Gran，2000）。当前，国内外关于纵向生态财政转移支付的研究主要围绕三个方面，分别是发达国家的实践案例研究、政策效应研究及作用机制研究。

1. 纵向生态转移支付的实践案例研究

关于纵向生态财政转移支付政策实践的研究主要围绕巴西、法国、葡萄牙等国家。其中，巴西最早尝试实施生态转移支付政策，为人类社会可持续发展提供了有益经验。20 世纪 90 年代，巴西在 15 个州内尝试引入生态转移支付计划（Ring et al.，2011），该计划通过商品与服务税（ICMS），并考虑人口、区域等因素，将 ICMS 的 25% 分配给州政府。具体地，巴拉那州是巴西第一个引入环境指标作为 ICMS 收入分配标准的州，该州基于生态指标将分配给地方一级的 ICMS 的 5% 用于生态环境保护，其中一半分配给辖区内有流域自然保护区的城市，另一半分配给有“保护单位”的城市。在转移支付资金分配标准上，有的州依据水资源质量、生物质量、规划代表性等指标，有的州则基于土壤保护和废物处理等分配转移支付资金（Rossi et al.，2011）。生态转移支付也被引入欧洲其他国家，但目前只有法国和葡萄牙真正实施了生态转移支付政策。与国内政策不同，法国和葡萄牙都将生态转移支付政策以立法的形式制定了一般原则和具体规则。如2006年，法国修订了现有的财政转移支付系统，在拥有国家公园或自然海洋公园的城市中引入生态转移支付（Borie et al.，2014）。2007年，葡萄牙在地方财政法修正案中引入了一条致力于促进地方可持续性的新条款，其中规定“市政当局的财政制度应有助于促进经济发展、环境保护和社会福利”。尽管如此，当前的生态转移支付政策也存在一些缺陷。一方面，生态转移支付资金总量较少。2011年，法国生态转移支付资金仅占当年财政拨款总额的0.02%。因此，有学者建议扩大生态转移支付计划（Schröter-Schlaack et al.，2014）；另一方面，生态转移支付资金的拨付均是非专项拨款，由地方政府自由决定该项资金的使用，既不考虑不同类别保护区的保护质量或水平，也不考虑自然保护区以外的地区所提供的生态系统服务（Santos et al.，2012）。

2. 纵向生态转移支付的政策效应研究

国外关于纵向生态财政转移支付政策效应的分析主要围绕生态效应、经济效应和社会效应展开。林（Ring，2008）通过对巴西实施生态转移支付政策的不同州进行案例对比分析，发现生态转移支付政策有效促进了生态保护区面积的增加，并显著提高保护区内居民的收入。这一结果与保护区面积相关，保护区占比越高的城市，其从生态财政转移支付中获得的好处也越多。梅等（May et al.，2013）的案例研究表明，该地区生态转移支付资金被用于提高坚果采集和家禽养殖的生产力上。桑托斯等（Santos et al.，2015）将欧洲的农业环境计划（针对私人土地所有者）和生态转移支付（针对地方政府）两种环境政策做对比分析，结果认为在生物多样性保护领域，应该组合使用多重政策工具，积极鼓励私人和政府多方参与，才能发挥更有效的激励作用。德罗斯特等（Droste et al.，2016）利用决策树模型，从生态效应、分配效应和成本效应等方面讨论了生态转移支付的影响，结果表明，生态转移支付政策对生物多样性保护的影响有限，其更利于偏远和贫困的山区。然而，这些结果成立都需要一定的前提，如指标选择的稳健性、地方政府有足够的能力等。布施等（Busch et al.，2018）基于印度的收入分配改革讨论以森林覆盖为分配依据的生态转移支付，数据分析结果表明生态转移支付政策能够有效激励地方政府保护和恢复森林植被，但这一效果需要更长的时间尺度进行更严格的证明。韦尔德等（Verde et al.，2019）以大西洋沿岸森林保护区为研究对象，证明生态转移支付在社会公平中发挥重要作用。也有研究证明在财政体系中实施生态转移支付阻碍了地区经济发展，如德国。德国只有极少数的州在财政体系中加入生态因素（Stoll-Kleemann，2001）。甚至有研究表明生态转移支付政策没有达到环境质量改善的效果（Cao et al.，2021）。随着对保护生态环境而产生的溢出效应和机会成本的研究，国外学者更是将研究目标转向生态系统服务付费（PES）方面，他们认为与生态转移支付相比，生态系统服务付费能够激励更多私人主体参与生态环境保护（Engel et al.，2008；Muradian et al.，2010；Adamowicz et al.，2019）。

从国内来看，转移支付作为基础性制度安排中的第三次分配，与税收分配、基本公共服务均等化共同作为高质量发展和共同富裕的基石。

中国的转移支付制度源于分税制，自 1994 年中国开始分税制财政体制改革后，1995 年正式有了转移支付的概念。基于重新划分税收的形式，中央政府上收财权，不断强化财政收入的集权模式，进一步提高了中央政府的集中调控能力。国内学者对于转移支付的效果研究多集中在缩小贫富差距（张凯强，2018；解垩，2019；李丹等，2019）和促进基本公共服务均等化（胡斌等，2018；乔俊峰等，2019；李淑瑞，2020；宋佳莹，2022）的效应上，并肯定了转移支付的正向效应（伏润民等，2015）。但转移支付在发挥积极作用的同时，也可能带来负面影响。相对于地方政府自身筹集的财政收入，转移支付对政府支出规模的影响更大，即“粘蝇纸效应”。刘贯春等（2019）研究发现地方政府转移支付的不确定性与生产性活动财政支出增加呈显著正相关关系，而地方政府对社会性公共品供给的不足又会因为转移支付的波动进一步加剧。吴敏等（2019）对这个问题进行剖析，发现转移支付下拨时滞、刚性的年度预算平衡制度以及转移支付引发的地方财政收入的不确定性是导致我国地方政府财政支出规模不断增大的重要因素。2008 年，中国实施重点生态功能区战略，初步建立了基于重点生态功能区的转移支付制度体系，并将环境保护和改善民生纳入政策目标。此项政策一直被认为是当前中国补偿力度最大、覆盖面最广的纵向生态财政转移支付政策。

关于纵向生态转移支付的政策效应研究，国内学者基本围绕重点生态功能区转移支付展开，包含两个方面：一是环境效应分析。徐鸿翔等（2017）基于陕西省的县域数据，证明生态转移支付能有效促进环境质量的改善，但是这种促进作用被曹俐等（2022）的研究证实会随时间推移而逐渐减弱。二是经济效应分析。李一花等（2021）构建了生态补偿的减贫框架，验证了生态补偿显著改善贫困的经济功能，其主要机制是促进劳动力就业。马本等（2022）则从产业的角度阐释了生态转移支付是通过改善产业结构进而提高县域财力的。事实上，发展生态产业是重点生态功能区实现高质量跨越式发展的重要途径，鲍丙飞等（2022）的研究认为，生态转移支付不仅会显著促进当地生态产业的发展，还会提高邻近地区的生态产业发展水平。也有研究认为纵向生态转移支付政策对经济的影响呈负面作用，如林诗贤等（2021）的研究认为该政策抑制了地方政府基本公共服务供给。还有部分学者认为，我国生态转移支付制度还处于萌芽期，制度安排与设计还不成熟，效果较难体现，仍需不断加以完善（徐明，2022）。

3. 纵向生态转移支付的作用机制研究

虽然纵向生态转移支付的政策效应得到一定程度的证实，但具体的作用机制存在差异。部分学者认为我国生态财政转移支付对环境质量的改善作用是通过制度激励实现的。如曹鸿杰等（2020）证实我国现有的分权体制能够对生态环境保护和公共服务供给提供激励效应；刘炯（2015）利用部分省、市、县的面板数据发现生态转移支付会刺激地方政府强化环境规制实施强度，增加生态环境保护支出，进而带动企业、居民等各个主体形成环境治理合力。也有学者认为，现有的生态转移支付虽然发挥了资金补偿效应，但是没有起到应有的制度激励功能（缪小林等，2019）。生态转移支付提升生态环境质量的机制有三类，包括资金补偿效应、预期转移支付效应和制度激励效应。资金补偿效应证明生态功能区的生态环境质量改善得益于地方政府环境保护支出占比增加；预期转移支付效应表明保护生态环境所需要的资金会被地方政府优先纳入考虑（田嘉莉等，2020）；而制度激励效应则认为生态转移支付政策有效提升了地方政府保护生态环境的积极性，激励地方政府加大环保支出以实现环境改善目标。

1.2.2 横向生态转移支付相关研究

横向生态转移支付是由生态关系密切的地方政府共同建立的横向生态补偿机制。与纵向生态转移支付相比，横向生态财政转移支付在解决财力均等化和外部性问题上更具优势。学者们常常将横向生态转移支付称为生态补偿横向转移支付（郑雪梅，2006；王德凡，2018；袁广达等，2021；卢文秀等，2022），认为建立生态补偿横向转移支付制度可以在特定区域内将财政资源由经济发达地区向经济落后地区转移，使生态提供者和受益者在成本和收益的分担与享受上趋于合理，是解决区域性生态服务有效供给的有力保障（梁红梅等，2011）。国内外关于横向生态转移支付的研究主要围绕实践案例、政策效应及制度模式展开。

1. 横向生态转移支付的实践案例研究

国外横向生态财政转移支付的实践案例研究颇为丰富，其中最具代表性的有德国和日本。在德国的财政平衡体系中，第二级和第三级分别为初次横向财政平衡和二次横向财政平衡，这两次平衡目标是支持支付能力弱小的州，拉近各州的财政实力。德国的财政平衡制度被认为起到一定的生态补偿作用，获得横向转移支付的州，其公共财政支出就涵盖能源、环保、垃圾处理等环境基础设施，以及养老院、幼儿园、科学研究等其他公共基础设施上（罗伯特·黑勒，1998）。日本基于开发利益返还的原则，认为开发利益应该返还给全体人民共享，但是在生态保护领域内，开发利益通常不能被平均地返还给每个人，于是需要通过补偿的方式解决问题。太田湖流域是日本的典型案例，流域内 34 个市、镇和村共同成立了水源涵养林建设基金，将因水库建设带来的利益返还上游区域的居民。国外学者的研究也在一定程度上肯定了政府间横向生态转移支付的效果，认为生态转移支付能够增进生态保护区和周围地区的关系，吸引民间社会组织、企业和学校的参与。

国内横向生态转移支付的案例研究包含了众多领域，如流域、海洋、大气等。2011 年，新安江流域生态补偿试点正式启动，它是全国首个跨省流域生态补偿的试点，同时也是进行横向生态转移支付的实践案例研究的起点，得到了学者们的广泛关注（王慧，2010；郭少青，2013；卫志民等，2020）。由于新安江流域试点的成功实行，其他流域纷纷开展横向生态转移支付的相关实践，如黄河流域（宋丽颖等，2016；董战峰等，2020；史会剑等，2021）、长江流域（毛前等，2015；任高飞等，2018；曹莉萍等 2019）、闽江流域（饶清华等，2016；邱宇等，2018；黎元生，2019）等。除了流域以外，国内横向生态转移支付的案例研究还包括海洋领域（刘秋妹，2020；万骁乐等，2021；姜玉环等，2022）和大气环境领域（魏巍贤等，2019；汪惠青等，2020；张海峰，2021）。

2. 横向生态转移支付的政策效应研究

关于横向生态转移支付的政策效应分析主要有两类，分别是环境效应和经济效应，认为生态补偿横向转移支付是统筹中国各地区间经济社会发展和生态环境保护高质量协调发展的有力抓手。具体来看，环境效应方面，景守武等（2018）将新安江流域生态补偿作为准自然实验，基于 2007 ~2015 年的城市面板数据，使用双重差分法探究以新安江流域生态补偿为代表的横向生态转移支付对水污染排放强度的影响，证实了相较于其他地区，新安江流域生态补偿试点能长期并明显减少杭州和黄山的水污染排放强度。类似地，横向生态转移支付政策对长江流域、黄河流域的水环境治理也有显著促进作用（马军旗等，2021），且与其他环境治理政策进行组合减排效果更好（李强等，2022）。林爱华等（2020）利用 IPAT 系列模型，应用合成控制法和断点回归相结合的方法检验了长三角地区生态补偿机制的实施效果以及效果的持续性，结果表明实行生态转移支付政策可以明显降低环境污染的程度。淦振宇等（2021）基于地级市月度面板数据，以地方空气质量生态补偿政策的实施为准自然实验，运用多期双重差分法、倾向性得分匹配和三重差分等方法，证实生态补偿政策对辖区内城市空气质量有显著改善作用。经济效应方面，有学者认为生态补偿能够实现农业产业结构升级并促进经济结构转型（耿翔燕等，2017）、缓解贫困（娜仁等，2020）、缩小城乡收入差距（卢文秀等，2022）、促进技术创新（娜仁等，2021）、提高企业全要素生产率（景守武等，2021）等。也有学者持相反的观点，认为生态补偿影响农户收入结构（侯成成等，2012），造成第二产业比重下降，第三产业的产值不能弥补试点城市的机会成本（张晖等，2019），以及造成企业退出等（刘聪等，2021），进而使受偿地区经济发展受到负面影响。

3. 横向生态转移支付的相关制度研究

横向生态转移支付的制度研究主要围绕横向生态转移支付的内涵、模式和资金分配展开。关于横向生态转移支付的定义暂时没有统一定论，而关于生态补偿的定义通常借鉴国际上通用的生态系统服务付费概念（payments for ecosystem/environmental services，PES）。伍德（Wunder，2005）认为，PES 应该包括四个要素：（1）区别于传统的命令控制手段，PES 是一种自愿的交易行为；（2）可以有效界定购买的对象“生态服务”；（3）生态环境服务的购买者和生态环境服务的提供者分别不能少于一个；（4）当且仅当服务提供者能够保障服务的供给时才付费。显然，伍德是从市场的角度来定义生态服务付费的，希望通过私人部门来解决生态的外部性。穆拉迪恩（Muradian，2006）则认为环境服务具有公共品特征，需要依赖集体行动。因此，他们给出定义“自然资源管理中旨在为使个体或集体土地使用决策与社会利益一致而提供激励的社会活动参与者之间的一种资源转移”。塔科尼（Tacconi，2011）根据之前学者的分析，给出了比较适中的定义“针对环境增益服务而对自愿提供者进行有条件支付的一种透明系统”。从国外学者提出的定义来看，关于生态补偿的概念，国外更注重强调激励各主体间生态保护的正外部性行为的内部化。

国外关于横向生态转移支付的模式也有两种争议，分别是政府支付和市场化补偿。米尔斯（Mills，2002）列出了政府对环境服务费实施的政策，包括可交易许可证制度、排污收费制度、削减市场壁垒、行政性收费和税收差异化、降低政府补贴等，多重政策结合使环境保护更加高效。萨尔兹曼等（Salzman et al.，2018）认为，环境服务费应由政府支付，并基于案例分析，提出利用环境税的收入来解决流域生态问题，即政府征收环境税用于流域生态补偿，以解决基础设施、人力资本和社会资本的需求。罗德里格斯等（Rodríguez et al.，2013）发现在拉丁美洲的商业用水者为保护流域的上部而自发付费，研究得出私人部门自发付费是为了维持和增加其经济活动，于是他认为环境服务付费应该由私人部门自发组织，而不是由政府机构承担。乔斯琳（Joslin，2020）也提倡由市场自发介入环境服务付费，这样能够在提高环境质量的同时更加注重消费者的需求服务，并且由于资金来源的多样化，能充分实现资源优化配置。雷蒙娜（Leimona，2015）针对发展中国家经济不平衡的社会实际，认为如果发展中国家在政策设计和具体实施过程中能充分考虑公平和效率双重目标，就能有效弥补生态补偿在理论与实践之间的差距，进一步促进生态环境保护和民生福祉改善。

为构建完整有效的生态转移支付体系，国内各界人士认为应该由中央政府进行宏观调控，并鼓励地方政府进行差异化的改革试点，既能体现公平原则，又能体现效率原则。具体地，中央政府要加强顶层设计，建立由单一要素补偿和分类补偿向综合补偿转变的模式。在全国统一的生态转移支付框架下，既要突出纵向生态转移支付的财政平衡能力和激励效果，又要充分发挥横向生态转移支付的重要补充作用，以弥补东部、西部地区在生态利益分享机制上的不均衡问题（卢洪友等，2014；谷成等，2017）。此外，生态转移支付制度的建立与完善还应构建内生性资金供应与外部性资金支持协同发力的多元融资体系（赵晶晶等，2022；倪琪等，2022），并考虑对于生态环境保护的激励作用，与对生态资源过度开发的约束及监管力度。刘炯（2015）认为，生态转移支付制度的设计与目标的协调，应把提高地方政府的治理意愿与治理能力作为重要保障，把扩大地方政府生态服务职能和弱化“牺牲环境换取增长”的动机作为有力抓手。张文彬等（2018）认为，高效的监管是制度充分发挥效用的重要条件，通过比较激励诱导和惩罚两种监管模式，探索不同条件下的最优化方式。为了生态转移支付更加有效，需要加强制度约束和监管，与此同时充分利用现代信息技术手段搭建监测和分析平台（何立环等，2014），并调动社会力量共同参与其中，推行绿色 GDP 考核体系（任丙强，2018），建立健全生态环保绩效考核的长效机制。基于横向转移支付的视角，段铸等（2016）认为，跨区域横向生态补偿等项目的开展有利于改善生态环境，并利用生态足迹分析方法，为京津冀协同发展构建了一套科学的横向生态补偿核算体系。

作为一种财政激励举措，横向生态转移支付的资金来源与分配也引起研究者的广泛探讨。从资金来源看，有学者将生态补偿模式划分为两种，即市场主导和政府主导的生态补偿，并系统阐述不同情形下资金来源的区别、补偿模式的内在机理和适用条件（王军锋等，2011）。禹雪中等（2011）在识别多种流域补偿标准的核算方法后，根据核算量的确定依据将方法分为成本型核算法和价值型核算法两大类，并明确指出生态价值的量化是转移支付标准设置的基础。从资金分配来看，李国平等（2015）认为，在中央政府和地方政府之间的委托代理框架下，信息不对称将导致系统性风险。因此，建议根据地方政府的努力程度和地区生态资源的状况，考虑地方政府生态环境保护能力的区别，差异化建立央地契约。孙开等（2015）利用灰色系统理论和费用分析法，研究纵向生态转移支付金额和各级政府之间的分配比例，并基于跨界断面水质标准考核等计算方法，确定了横向转移支付的资金规模。也有学者建议改变以“财政收支缺口”为基础的资金拨付方式，依据生态服务的供给能力，纳入生态因素的考量，确定转移支付资金分配（刘璨等，2017）。

1.2.3 生态转移支付效应的影响因素研究

围绕生态转移支付的研究除了实践案例和政策效应等，还包括影响生态转移支付效应的因素研究。当前研究认为影响生态转移支付的因素有两大类，分别是技术手段因素和制度因素。

1. 技术手段因素的影响

技术和手段方面，有学者认为生态环境相关技术和绩效考核手段是影响生态转移支付效应的主要因素（李宝林等，2014）。从技术来看，何寿奎（2019）认为，完善生态补偿技术体系能够促进农村生态环境补偿与绿色发展的协同推进。张婕等（2020）基于流域生态补偿财政支出效率评价模型，发现造成财政支出效率表现不佳的重要因素是规模效率较低，并建议提高生态财政资金的管理技术。类似地，曲超等（2020）利用三阶段 DEA 模型测度长江经济带 11 个省市的重点生态功能区转移支付的环境效率，认为纯技术效率对生态补偿环境效率起主导作用。朱媛媛等（2021）也主张构建科学合理的跨区域横向生态补偿技术支持体系以促进区域协同发展。绩效考核方面，孔德帅等（2017）的研究验证了合理的考核与激励手段是保障生态转移支付资金使用效果的重要条件。徐松鹤等（2019）基于微分博弈模型的研究发现，建立有约束力的激励措施是完善横向、纵向有机结合的财政转移支付机制的重要前提，这一点被单云慧（2021）的研究进一步证实。吴乐等（2019）通过国际典型案例对比分析发现，有效的绩效评估和退出机制能够实现环境服务付费中环境改善和减贫的双赢局面。此外，也有部分学者认为补偿强度和转移支付标准会影响政策的生态效果（何帅等，2020；朱艳等，2020）。

2. 制度因素的影响

国内外学者们从不同角度证实分权制度、规则制度、社会参与制度、法律制度等都会影响生态转移支付的效应。分权制度方面，在对瑞士、葡萄牙等更多的案例研究中，国外学者发现联邦制的类型和分配方案是影响生态转移支付有效性的重要因素（Köllner et al.，2002）。国内也有学者从分权的角度，证实环境分权有利于生态转移支付政策效应的发挥，而财政分权则恰恰相反。张俊峰等（2020）从耕地领域进一步验证耕地保护事权和地方经济财权会显著影响耕地生态转移支付的效应。规则制度方面，王雨蓉等（2021）应用制度分析与发展（IAD）框架分类讨论流域横向生态补偿的规则，证实了规则制度在横向生态补偿中的重要作用。社会参与制度方面，郑云辰等（2019）建立三元主体网络型协同运作机制，能够进一步保障流域间生态补偿的顺利实施。任以胜等（2020）

认为政府主体利用政策革新和社会参与制度约束稀释制度粘性，能够重塑流域间横向生态补偿制度。陈海江等（2020）基于多中心治理理论和二元 Probit 模型、双变量 Probit 模型，研究发现政府主导型生态补偿若采取“政府补偿＋自主治理”（社会网络）的多中心治理模式效果更好。法律制度方面，徐丽媛（2020）认为，相关法制建设不足导致贫困地区利益表达不充分，转移支付资金使用自主权难以充分发挥，行政放权的非制度化影响贫困地区生态补偿转移支付的整体效益。其他学者同样认为区域间生态转移支付，其立法滞后于实践，法律制度的不完善是影响生态转移支付效果的重要因素（陈玉梅等，2020；车东晟，2020；辛帅，2020；谭洁，2021）。此外，也有学者认为“河长制”（高家军，2021）和强政治势能（朱仁显等，2021）是促进横向转移支付政策效果的重要因素。张化楠等（2018）则认为，长效保障机制的缺失对重点生态功能区生态补偿扶贫的顺利实施造成了重大挑战。

1.2.4 研究述评

综上所述，当前国内外关于生态转移支付的实践、效应和机制研究日益丰富，学者们逐渐认识到生态转移支付这一环境管治工具对生态保护的重要作用。通过大量的基础研究，生态转移支付制度得到了进一步推行，但目前的研究也存在以下不足。

1. 理论研究滞后于实践且未能立足中国国情

总的来看，国内外研究主要围绕实践案例、政策效应和作用机制展开，鲜有研究探讨生态财政转移支付的理论基础，而符合我国国情的理论研究更是匮乏。一方面，随着生态文明建设和生态保护补偿机制的建立，生态文明制度“四梁八柱”的重要内容，即生态转移支付制度，引起了社会上的广泛关注。财政作为国家治理的基础和重要支柱，在推进生态文明建设方面采取了一系列重要举措，但这些方面的实践研究充沛，而理论文献不足。如何在生态环境领域履行财政职能并没有引起学者们的重视，理论研究明显滞后于实践探索。另一方面，西方公共财政理论中的“外部性”在一定程度上解释了财政生态转移支付的必要性和存在依据，但传统的庇古税和科斯定理难以解决我国中央政府和地方政府共同应对跨界生态环境治理的实践问题，其中，上下游政府间的横向生态财政转移支付是重点关注对象。当前，国内关于生态财政转移支付的讨论受国外研究的影响，往往脱离生态转移支付中的财政职能，较多定性研究市场化路径，并借此优化生态环境治理模式。但是，中国作为一个以公有制为主体的国家，国家所有者和社会管理者的身份赋予了政府公共权力，生态环境所具有的公共品性质决定了政府应该承担资源配置、公平分配和监督管理的职能。因此，对于生态财政转移支付的理论研究迫切需要立足中国国情，讲好中国故事。

2. 纵向加横向生态转移支付的研究体系尚未构建

虽然现有的文献对纵向生态转移支付和横向生态转移支付的研究都有一定的进展，但普遍都是割裂进行，尚未形成纵横交错的研究体系。从整个生态转移支付体系来看，我国施行的是以重点生态功能区转移支付和新安江流域生态补偿为典型的生态转移支付制度，并逐步实现由试点到整体的制度构建。而现有的研究要么以纵向生态转移支付为主体，要么以横向生态转移支付为主体，难以从全局的角度把握我国生态转移支付的现状。从两类转移支付本身来看，纵向生态财政转移支付制度的设计基于公平原则赋予当前一般性转移支付生态属性，目标是弥补生态保护的机会成本。但对于跨界生态功能区区域间的协调发展，仅靠纵向的生态转移支付很难实现，而横向生态转移支付则有效弥补了上述缺陷。具体来说，横向生态转移支付可以缓解生态环境保护与经济社会发展所产生的矛盾，消除生态效益外溢的不利影响，是平衡不同地区政府间利益的一种经济补偿方式，有效弥补了纵向生态转移支付的缺陷。伴随生态转移支付制度的不断探索，纵向和横向生态转移支付相辅相成，缺一不可。因此，对生态转移支付的研究，还需从纵向和横向两个角度全面进行。

3. 政策效应评估缺乏财政职能的研究视角

国外关于纵向生态转移支付的效应研究并没有得到一致的结论。尽管现有的研究在经济效应方面有一定的探索，但是所得到的结果要么有特定的前提，要么是基于案例分析或对比分析得到的结论。国外学者们的研究强调，一旦选取的指标或数据发生变化，相应的结果也会存在差异。生态转移支付政策的效应评估被认为是一项具有挑战性的工作，原因在于政策目标过于宽泛以及地方政府因保护生态环境产生的溢出效应和机会成本难以测算，而用定量的方法证实生态转移支付政策有效性的研究更是匮乏。国内当前的研究主要集中在生态转移支付对环境质量的改善上，并从制度激励和资金激励两个层面进行验证，缺乏对环境保护成本的探讨，由此造成对效率的忽视是生态转移支付政策难以持续的重要原因。而对于生态转移支付的公平效应，也鲜有学者展开研究，尤其是收入分配和基本公共服务均等化方面。生态转移支付政策作为一项环境财政政策，其拥有改善收入分配、促进基本公共服务均等化以及稳定经济绿色发展的财政职能。因此，亟须基于财政职能的视角，研究探索生态转移支付的政策实施效果。

4. 国内典型案例研究不足

国外的实践案例研究表明，巴西、法国、葡萄牙、德国、日本等在生态转移支付政策制定和实践方面走在世界前列，积累了许多成功的做法和经验，对我国建立健全生态转移支付机制提供了一些有益思路。从研究时间来看，早在20世纪90年代，以巴西为代表的国家，已经对纵向生态转移支付展开初步探索。国内于2008年开始展开生态转移支付试点的探索，此时，国外已经开始研究生态转移支付效果等相关课题。从研究方法来看，国外较为注重案例分析，试图通过案例的经验总结得到一般性结论。即使包含定量分析，也更倾向于定性与定量相结合的方式展开研究。从未来的研究方向来看，国外研究试图弱化政府与市场的边界，推广市场化等较为成熟的实践模式。这也是由西方国家较为丰厚的经济基础和发展阶段所决定的，对国内相关研究具有一定程度的借鉴意义。总之，由于西方国家关于生态转移支付的研究时间较早、研究方法较多、研究模式较为成熟，国内还需学习西方国家的研究范式，以定性和定量分析相结合的方式，重点剖析政策成功的典型案例，结合具体国情深入剖析生态转移支付政策的运行情况，为中国生态转移支付制度的完善提供较好的经验借鉴。

1.3 研究内容、框架与方法

1.3.1 研究内容

第一，在理论构建层面，搭建生态转移支付的理论分析框架。全面回顾国内外生态转移支付政策的研究成果，并科学界定生态转移支付的概念和时代内涵，辨析生态转移支付与公共财政转移支付、生态转移支付与生态补偿等概念之间的区别。基于要素禀赋与财政对等原则、环境贫困与环境恩格尔曲线理论、公共品与财政失衡理论以及中央政府和地方政府的博弈演化模型，论述生态转移支付的理论渊源，探索生态转移支付推动缩小收入差距、增强地方政府在环境保护和改善民生等方面的基本公共服务保障能力、实现经济效益和生态环境效益双重目标的作用机理与逻辑关系。

第二，在政策现实层面，揭示我国生态转移支付的政策演化逻辑。全面梳理我国改革开放以来、特别是党的十八大以来生态转移支付的政策文件，总结以重点领域和重点区域为主的纵向生态转移支付和以生态补偿为主的横向生态转移支付的演变过程，归纳生态转移支付的演化阶段与阶段特征。结合重点生态功能区转移支付资金、目标、标准和分配范围，研判生态转移支付的现实特征。

第三，在实证分析层面，结合财政三大职能，量化评估生态转移支付的基本公共服务及均等化效应、收入分配效应和生态经济绿色发展效应。以重点生态功能区转移支付政策为研究样本，利用省级、县级和微观个体数据，统筹运用双向固定效应模型、双重差分等计量方法，识别生态转移支付的政策效应，明确作用机理和实施效果。

第四，在政策实践层面，以新安江流域生态补偿作为生态转移支付的典型案例，利用实地调研和数据统计分析等方法，深入剖析纵向与横向生态转移支付资金安排，掌握新安江生态转移支付的政策效果，并归纳总结生态转移支付在安徽省的应用推广。

第五，在政策优化层面，探究生态转移支付政策优化路径。在理论、实证和实践结论的基础上，归纳总结生态转移支付的效果与问题，结合新发展阶段面临的形势和任务，设计生态转移支付政策优化的基本思路，从创新生态产业发展模式、科学界定转移支付标准、综合运用政策工具箱、完善省以下生态转移支付制度等视角提出生态转移支付的政策优化路径。

1.3.2 研究框架

本书内含的核心问题是：生态转移支付效应及如何优化政策实现财政职能。围绕这一核心问题，拟按照“总—分—总”的研究思路，从理论构建、现实需求、实证分析和规范分析四个板块展开研究。具体而言，主要解决以下五个问题。

问题1：生态转移支付的理论基础是什么？

系统梳理国内外关于生态转移支付的研究成果，明确现有研究的不足与缺漏，厘清生态转移支付与相关概念之间的联系与区别，精准界定生态转移支付的概念与时代内涵，结合要素配置、恩格尔曲线、财政分权、公共产品、外部性等理论揭示生态转移支付的理论基础，并通过博弈演化模型揭示中央政府与地方政府在不同策略下的最优选择，为后续研究奠定理论基础。

问题2：生态转移支付的政策演变和现实特征是怎样的？

从森林、水流、湿地、海洋、草原、荒漠、耕地等重点领域和重点生态功能区等重要区域两个方面梳理纵向生态转移支付政策，从“对口支援”和“生态补偿”两个阶段梳理生态转移支付的演化逻辑，立足时间维度和空间维度总结生态转移支付的发展历程和阶段性特征，以重点生态功能区转移支付为例，明晰生态转移支付的资金安排情况、标准优化情况和覆盖范围变化，归纳生态转移支付所具有的现实特征。

问题3：生态转移支付的政策效应如何？

科学评估政策效应是明确现有政策不足和找准优化路径的关键。运用双向固定效应模型、双重差分等计量方法，实证研究以重点生态功能区为代表的生态转移支付政策效应，判断生态转移支付政策能否实现财政职能，具体包括财政政策的基本公共服务及均等化职能、收入分配职能和生态经济协同的绿色发展职能，厘清生态转移支付发挥财政职能的作用机理和作用渠道，并探索生态转移支付对不同对象的差异化影响。

问题4：生态转移支付政策的具体实践如何？

基于安徽和浙江跨省流域生态补偿——新安江流域生态补偿的典型案例，全面剖析生态补偿过程中存在的纵向和横向生态转移支付财政政策。运用实地调研和统计分析的方法，获取有关新安江流域生态补偿的一手数据和资料，评估以新安江流域生态补偿实践为代表的生态转移支付政策的实施效果并精准识别其存在的问题，挖掘新安江生态补偿转移支付的更多细节和经验教训，补充现有理论框架和实践案例。

问题5：新形势下我国生态转移支付政策的路径优化是怎样的？

全面总结生态转移支付的理论基础、现实基础、实证结论、作用渠道和典型案例，基于系统论、协同论等视角，就新形势下进一步完善和优化我国生态转移支付体系，特别是提升财政在生态环境领域效能等方面建言献策，发挥财政激励、协调、补偿作用，优化财政转移支付体制机制，统筹公平和效率，促进财政治理体系和治理能力现代化。

本书的具体研究思路如图1.1所示。

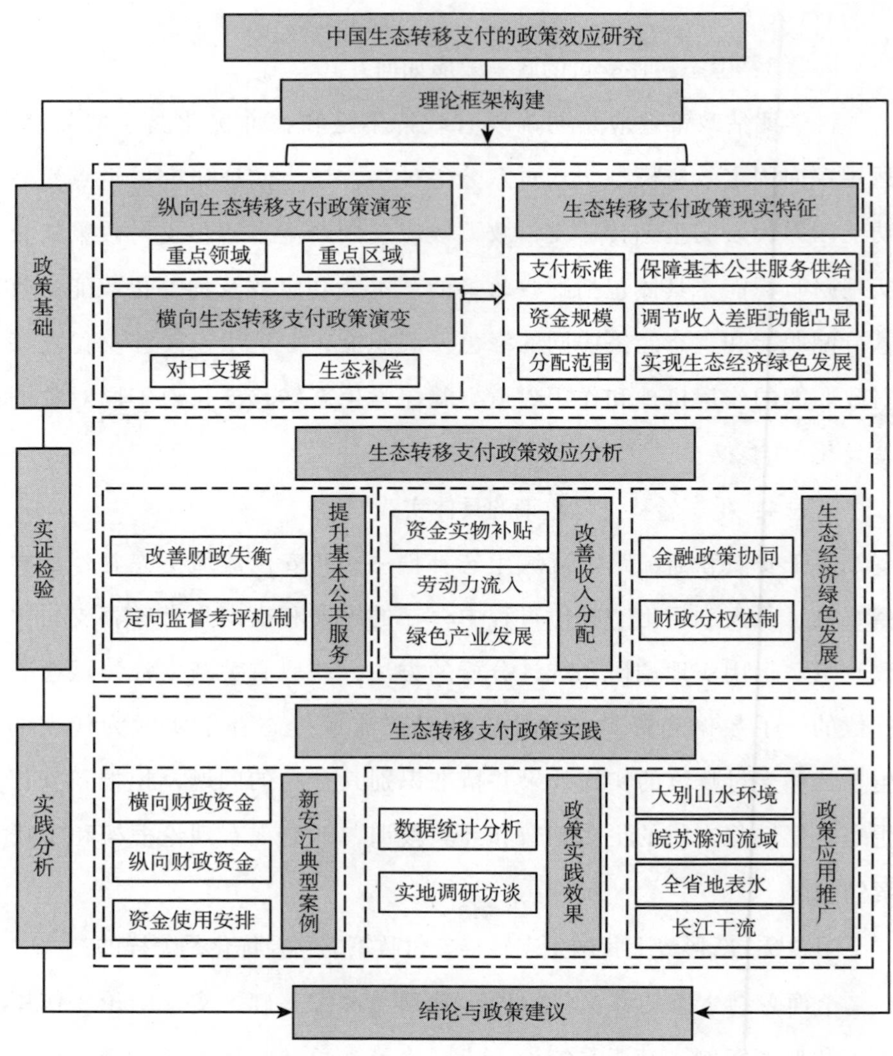

图 1.1　研究框架

1.3.3　研究方法

一是构建演化博弈理论模型。将构建中央政府与地方政府间的演化博弈理论模型，深入探究中央政府、地方政府双方的互动和行为选择，从理论上厘清监管成本、政策目标与生态经济选择之间的相互关系，激励形成生态与经济协同的绿色发展格局。

二是政策效应评估计量方法。主要运用双向固定效应、双重差分、工具变量等计量分析方法和熵值、主成分分析等指标测算方法，从财政的资源配置职能、收入分配职能和经济稳定职能的角度评估和测度我国现行生态转移支付的政策效应，并揭示生态转移支付实现财政职能的具体作用机制。

三是文献分析与重点案例研究相结合。结合电子资源，查阅有关的文献资料，系统梳理生态转移支付的相关理论、国际经验和实践成果，并立足新安江生态补偿的生动实践，通过实地调研、走访座谈等方法获取第一手宝贵资料和数据，探讨生态财政转移支付的资金安排、补偿标准以及体制机制设计等。

1.4 创新与不足

1.4.1 创新点

一是拓宽现有转移支付的研究视角。将生态因素纳入转移支付研究，搭建可供分析的理论框架。突破现有分析框架，率先从财政职能视角，构建促进生态产品价值实现的财政转移支付体制机制优化与创新路径研究框架。系统梳理国内外经典和前沿的生态转移支付的体制机制研究文献，探明最新的研究方向。构建文献资料库，提炼国内外生态转移支付政策的经验做法与启示，从概念界定、理论基础、现实需要、演化趋势、作用机理、政策评估等方面入手，嵌入公平和效率双重目标，重点剖析纵向和横向生态转移支付政策效应，并在新形势下提出生态转移支付体制机制优化与创新路径。

二是丰富生态转移支付的研究内容。不仅从基本公共服务及均等化、收入分配和生态经济协同发展三个方面研究生态转移支付的政策效应，还从纵向和横向两个维度分别考察生态转移支付的财政职能，更全面展示生态转移支付的政策效应。具体分析了“生态转移支付→调节财政失衡→提高基本公共服务供给”“生态转移支付→农民增收→改善收入分配”“生态转移支付→金融有效协同→促进绿色发展”等多条作用机制，更加全面揭示生态转移支付实现财政职能的作用逻辑。

三是采用重点案例和准自然实验的研究方法。利用双重差分和示范案例研究综合评估生态转移支付的政策效应。受限于现行生态转移支付的试点属性，利用双重差分法测度生态转移支付政策前后，试点与非试点区的政策效应变化，结合 Bacon 分解、动态效应以及混淆因子的剔除等稳健性检验，识别生态转移支付的净效应。基于生态转移支付的示范案例，在实证的基础上，利用实地调研和一手数据的统计分析进一步评估生态转移支付的政策效应。

四是探索将财政金融协同运用到生态环境领域。以碳生产率为基点，实证分析财政金融政策的协同作用。“政府 + 市场”耦合机制下的政策效果很大程度上取决于多项政策要素的选择搭配与协同运用。随着生态转移支付政策的纵深推进，实现绿色低碳转型亟须加大财政金融政策协调力度，推动构建绿色财政和绿色金融在生态文明建设中的协同运用。

1.4.2 不足之处

本书虽然在理论拓展、现实梳理、机制分析、效果评估和政策启示等方面对现有理论研究成果进行丰富和补充，也对现实财政支持生态补偿具有实践指导价值，但是受制于种种主客观原因，研究成果还存在以下不足。

一是政府相关信息披露不够，搜寻资料较为困难。据财政部资料显示，截至目前，全国已在19个省份15个流域（河段）建立起跨省流域横向生态保护补偿机制，但是在实际资料搜寻中，政府官方网站对相关文件的披露、后续进展的报道、政策实施的做法和政策成效的总结公开的并不翔实，甚至缺少报道，这给搜寻的资料质量带来很大的挑战。

二是新冠疫情的影响，实地调研进程严重受阻。本书在起初设计时，计划定期前往新安江流域开展实地调研，追踪新安江生态补偿政策的发展趋势，但受制于新冠疫情封控政策的影响，对政府工作人员、企业家、公众的问卷调查、实地访谈等搁置了较长时间，也使与部分人员的沟通只能在线上进行，虽然尽力保证调研质量，但不可否认对研究工作也造成了较大影响。

三是政策实践研究并未穷尽，未来仍有较大空间。重点生态功能区和新安江生态补偿只是生态财政转移支付政策体系中两个较为典型的代表。但事实上，我国生态财政转移支付还存在其他政策实践，在不同的适用范围下会产生各异的政策效应，也会得到更全面、更富有价值的政策启示，因此，未来还应加大本领域的研究力度，促进我国生态财政转移支付研究更全面的发展。

Chapter 2

第2章 生态转移支付的理论基础

2.1 概念界定与辨析

伴随“绿水青山就是金山银山”等旨在人与自然和谐共生的观念逐渐渗透，环境治理的工具层出不穷，生态转移支付、公共财政转移支付和生态补偿等概念被广泛使用，但概念之间的区别与联系尚未被关注。本部分通过深入分析生态转移支付、公共财政转移支付和生态补偿的内涵和外延，掌握这些概念之间的共同点和差异，进一步总结生态转移支付的内涵、来源及去向。

2.1.1 生态转移支付的概念界定

林（Ring，2002）首次将自然保护指标纳入政府间财政转移支付体系内，并进一步针对地方政府提供跨地区生态公共产品服务的行为，研究地方政府间财政转移支付，将政府间财政转移支付定义为“垂直发生在中央到州或州到市政一级，也包括水平发生在同一级别政府之间的财政行为，目标是改善收入充分性、财政均等化和对行政边界以外地区的溢出效应的补偿”（Ring，2008；Ring et al.，2011）。此后，关于“生态财政转移支付”（ecological fiscal transfer，EFT）的定义均源自此框架。卡索拉（Cassola，2011）认为，生态财政转移支付可以定义为任何一种明确包含生态指标的政府间拨款，如生态保护区。洛夫特等（Loft et al.，2016）在书中写道：“生态财政转移支付遵循财政转移支付的基本逻辑，是一种促进环境保护的激励措施，它并非为公共基础设施和服务提供补偿，而是为公共部门（如州政府或市级政府）提供环境公共产品提供补偿。”保罗等（Paulo et al.，2019）将生态财政转移支付定义为一种经济手段，用于补偿与生物多样性保护、流域保护和垃圾填埋的土地使用限制有关的机会成本。布施等（Busch et al.，2020）借鉴林的研究，定义生态财政转移支付是指上级政府根据生态指标向下级政府分配财政资金，帮助缩小由地方承担的环境保护成本和由更多人参与的环境保护收益之间的差距。

2008 年，我国逐步试行向国家重点生态功能区建立转移支付制度，对位于国家重点生态功能区的县级政府给予一般性财政转移支付，这是我国首次正式提出生态转移支付制度。但在此之前，有学者对横向生态财政转移支付提出畅想，认为通过将一定数量的资金从生态位势较低的地区转移到生态位势较高的地区，这些生态位势较高地区可以在不污染生态位势较低地区的情况下更有效地发展经济。应用到我国具体实践，就是指应建立一种财政制度，使西部生态位势较高且欠发达的地区，在中央政府的协调下，从东部生态位势较低且经济较发达的地区转移出一定数量的资金，以加强环境保护（蔡自力，2005）。这一想法为学者们研究横向财政转移支付奠定了基础。

郑雪梅（2006）定义横向生态财政转移支付是指在特定区域内的财

政资源的横向转移，是从经济发达地区向贫困地区的转移，可以使生态的受益者和提供者之间更加适当地分担和享用成本与收益，从而有助于调动贫困地区保护生态环境的积极性，在生态补偿和环境保护之间形成积极的协同效应。陶恒等（2010）在此概念的基础上增加了“促进不同功能区之间协调发展”的功能。随后，对生态财政转移支付研究的增加，使其并不限于横向转移支付。徐莉萍等（2012）对生态财政转移支付定义为“专门分配给生态资源环境管理的预算财政资金的转移支付，其本质目的是利用财政预算对与生态资源环境相关的活动或实体进行价值补偿。”邓晓兰等（2014）提出，横向转移支付方式虽然具有多方面的优势，但并不适合所有的生态补偿项目。他们强调纵向转移支付方式是生态补偿的基础，并在生态效益受益方较多或难以确定的情况下起主要作用。卢洪友等（2014）对生态转移支付做了全面的解读，认为政府间生态补偿转移支付是生态补偿后端最重要的财政政策工具，生态补偿转移支付既包括规定生态补偿用途的专项转移支付，也包括均衡财力弥补生态保护地区发展机会成本的一般性转移支付。从资金转移方向来看，生态补偿转移支付既包括中央、省、市、县（区）四级政府中上级政府对下级政府的纵向转移，也包括流域上下游之间、不同主体功能区之间、自然保护区内外同级别地方政府间的横向转移。这一定义与国外学者林早期相关研究的定义不谋而合。类似的，张朝举等（2021）定义生态转移支付是新型的转移支付方式，它是一种政府间财政性补偿机制，旨在解决生态环境领域中对正外部性激励不足和对负外部性约束不力的问题，激励地方政府加强环境治理。

遵循国内外学者关于生态财政转移支付的定义，不难发现以下特征：（1）政府是生态转移支付的主体。无论从横向还是纵向来看，生态财政转移支付是中央政府与地方政府、地方政府与地方政府之间的支付行为。

（2）财政资金的分配是生态财政转移支付的核心。转移支付资金的来源和分配标准是政府间实施支付行为的主要内容。（3）生态因素是转移支付的重要考量。生态因素，如巴西的保护区、印度的森林覆盖面积、中国的重点生态功能区等既是生态转移支付需要考虑的重要因素，也是考核生态转移支付政策效果的重要标准。（4）改善收入分配、提供基本公共服务并实现生态经济协同发展是生态转移支付的主要目标。结合以上特征，将生态转移支付定义为：在财政转移支付的框架下，中央政府与地方政府及地方政府与地方政府之间，依据与生态环境相关的考核标准分配财政资金，补偿地方政府由于保护生态环境所付出的实际成本及因保护生态环境而丧失经济发展的机会成本，实现改善收入分配、提高基本公共服务水平和生态经济协同发展的环境财政政策。其中，中央政府与地方政府之间的生态转移支付称为纵向生态转移支付；同一级别的地方政府之间的生态转移支付称为横向生态转移支付。结合政策和现有研究，我国重点生态功能区转移支付政策是目前规模最大的纵向生态转移支付，新安江流域生态补偿是最具代表性的横向生态转移支付，后文关于生态转移支付的研究主要围绕这两项政策展开。

2.1.2　生态转移支付与公共财政转移支付的概念辨析

1. 公共财政转移支付的概念

从世界范围看，现代公共财政转移支付制度最早源于英美国家。1835 年，英国就开始实施指定用途的补助；19 世纪初，美国着手实施从联邦政府到州和地方政府的财政转移支付制度。此后，西方发达国家将公共财政转移支付作为一项基本的宏观经济政策并广泛应用。经济学家罗森和盖尔（Rosen & Gayer，1985）将转移支付描述为一种“错配”现象，即征税的政府和需要用钱的政府之间发生了“错配”，中央政府向州或地方政府提供补助能够矫正这种错配。然而，这种错配无法解释州和地方政府通过其他方式满足地方公共品需求的增加。关于转移支付的概念，现在联合国《1990年国民账户制度修订案》给予的定义是较为普遍接受的一种，即“转移支付是指货币资金、货物、服务或金融资源的所有权从一方无偿转移到另一方。转让可以采取金钱或实物的形式”。中国在1994年实施了分税制度改革，其目的是让财政转移支付制度实现公共服务均等化（韩瑞娟等，2012）。随着中国财政的固定收入范围逐步扩大、数量也愈加增多，中央财政仅保留了原来体制中对地方的专项补助和定额补助。与此同时，中国建立了税收返还制度，旨在保障地方的收益，从而实现新体制的稳步过渡（贾康，2008）。凭借着“过渡期转移支付”作为转移支付制度的起始，而后逐步建立了基于“因素法”的转移支付制度，在一定程度上对欠发达地区提供了客观、公正的支持。

2. 公共财政转移支付的分类

根据政府间补助的类型，国外学者将财政转移支付分为以下四类，如图2.1所示。第一类为一般性非配套公共财政转移支付，此类转移支付主要目的是提高各地区的公平程度，地方政府在转移支付资金使用方面有绝对自主权，转移支付资金可以用于不同的领域（Gamkhar et al.，1996）；第二类为条件性非配套公共财政转移支付，此类转移支付政策不要求地方政府提供相应的配套资金，即地方政府没有提供对应资金的义务，只是要确保该转移支付资金用于某一特定目的（Levaggi et al.，2003）；第三类为条件性非限额配套公共财政转移支付，此类转移支付政策认为地方政府提供相应的配套资金是没有限制的，这一工具特别适合用于打破公共产品提供中存在的外部性或无效率困境（Grossman et al.，

1989）；第四类为条件性限额配套公共财政转移支付，只要求地方政府提供有限额的配套资金，更加便利补助提供方对分配预算资金控制权的保留（Shah et al.，1989）。

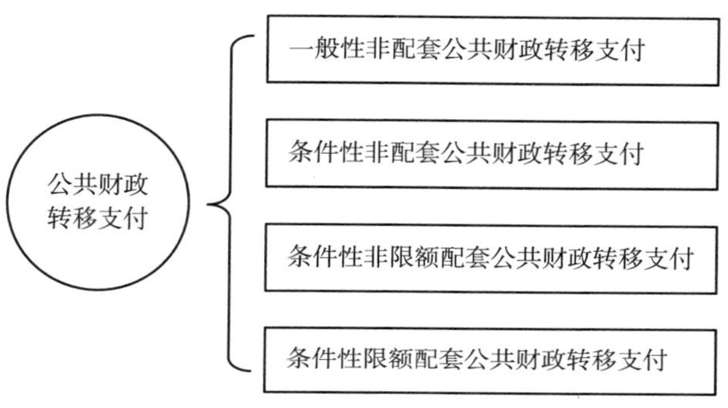

图 2.1　国外公共财政转移支付分类

在我国区域发展战略和政策设计中，公共财政转移支付是政府进行收入再分配的重要政策工具，主要包含两个方面：一方面，表现为中央对地方实行的垂直纵向支付；另一方面，则为各级地方政府之间的横向转移支付。继实施分税制度后，中央财力增强，在财力分配中占主导地位。因此，中央对地方政府提供的公共财政转移支付在我国转移支付中占最大比重（王昉等，2022）。根据我国当前具体实践，可以将公共财政转移支付划分为一般性转移支付、专项转移支付和特殊转移支付。一般性转移支付又可以细分为均衡性转移支付、老少边穷地区转移支付、重点生态功能区转移支付等，主要用于均衡地区间财力，保障地方政府正常运转，促进区域协调发展。2019 年，中央对转移支付作出了重大调整，在一般性转移支付中增加了“共同财政事权转移支付”，反映了中央和地方共同承担支出责任，涉及了包含教育、就业等在内的重要公共服务事项。专项转移支付包括文化产业发展专项资金、可再生能源发展专项资金、城市管网及污水治理补助资金、农村环境整治资金等，主要目的是保障中央决策的有效落实，体现了上级政府对下级政府定向支援或委托下级政府办理某项公共服务供给的意图。在一般性转移支付和专项转移支付的基础上，中央财政新增建立了特殊转移支付机制，如为了缓解新冠疫情带来的财政收支压力所安排的1万亿元抗疫特别国债等[①]，具体分类如图2.2所示。

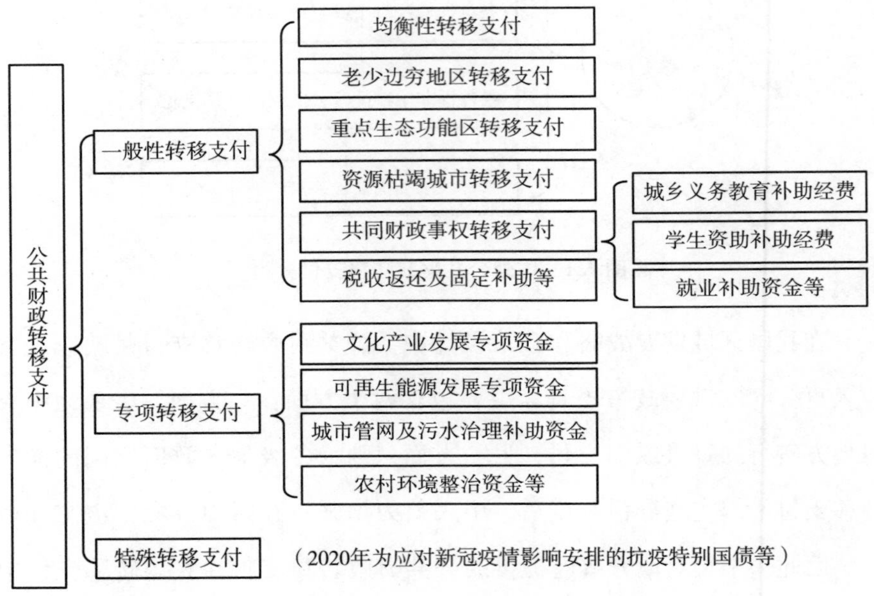

图2.2　国内公共财政转移支付分类

3. 两种转移支付方式的关系

生态转移支付和公共财政转移支付的内涵和外延表明，实际上政府的公共财政转移支付包含生态财政转移支付。生态转移支付是在公共财政转移支付框架下考虑环境与经济发展不平等因素的特殊转移支付工具。在二者之间的具体关系上，公共财政转移支付是为了缩小不同地区经济

① 抗疫特别国债启动发行［N］. 经济日报，2020-06-16.

差异，保障人民生活水平，提供相应公共物品和配套设施的财政工具，体现了政府之间的财政关系。生态转移支付在公共财政转移支付的目标基础上，增加了环境保护的政策目标，不仅体现了政府间的财政关系，还体现了政府间的环境支出责任。生态转移支付是在我国环境与经济发展出现矛盾时的产物，是公共财政转移支付中重要的一环，即生态财政转移支付内涵于公共财政转移支付。此外，生态转移支付还承担缓解环境与经济发展不平衡的重要责任。在国外的公共财政转移支付体系中，生态财政转移支付可以被认为是条件性非限额配套公共财政转移支付，用于纠正环境公共品供给不足的问题。在我国公共财政转移支付体系中，一般性转移支付实则是基于重点生态功能区转移支付为代表的财政转移支付。即中央政府对地方进行转移支付时，不规定具体用途，由地方政府自主分配，目的是对生态环境保护给予财政资金支持，加强重点生态功能区生态修复，引导资本向生态保护领域投入。

2.1.3 生态转移支付与生态补偿的概念辨析

1. 生态补偿的内涵

生态补偿最初强调的是生态系统自身调节的能力，在《环境科学大辞典》里，生态补偿被定义为“生物有机体、种群、群落或生态系统受到干扰时，所表现出来的缓和干扰、调节自身状态使生存得以维持的能力，或者可以看作生态负荷的还原能力”。随着研究的深入，生态补偿理论渐渐演变成对生态权益受损者或生态资本拥有者的补偿，即“谁受益，谁补偿”，这与国际上通用的生态服务付费原则（payment for ecosystem services）和生态效益付费原则（payment for ecological benefit）一致。2005 年，党的十六届五中全会通过的《中共中央关于制定国民经济和社会发展第十一个五年规划的建议》，首次提出“按照谁开发谁保护、谁受益谁补偿的原则”加快建立生态补偿机制。2021 年，中共中央办公厅、国务院办公厅发布了《关于深化生态保护补偿制度改革的意见》，该意见提出要逐步完善政府有力主导、社会有序参与和市场有效调节的生态保护补偿体制机制。生态补偿是生态文明建设中一项重要的政策性财政工具，通过提供相应的资金和技术等多种方式，增加被补偿地区的居民收入，提升其环境保护意识，并在一定程度上解决主体功能区划视角下不同地区因目标定位差异、发展机会差异导致的潜在不均衡问题（刘晨等，2022；程鹏等，2022）。

2. 生态补偿的外延

对于生态补偿的分类，国外主要采用政府支付和市场化补偿两种模式。詹姆斯（James，2013）认为，环境服务费应由政府支付，他针对巴西亚马逊州的情况，提出利用环境税的收入来解决流域生态问题，即政府征收环境税用于流域生态补偿，以解决基础设施、人力资本和社会资本的需求。巴德兹（Budds，2013）发现在拉丁美洲的商业用水者为保护流域的上部而自发付费，他研究得出私人部门自发付费是为了维持和增加其经济活动，于是他认为环境服务付费应该由私人部门自发组织，而不是由政府机构承担。乔斯林（Joslin，2020）也提倡由市场自发介入环境服务付费，这样能够在提高环境质量的同时更加注重消费者的需求服务，并且由于资金来源的多样化，能充分实现资源优化配置。

国内探索出了相似的生态补偿模式，即政府主导的生态补偿和市场交易补偿两类。立足地方政府，从外部性的角度出发，生态环境是公共物品，保护环境是公共事务，提供环境公共服务具有外部性、信息不充分等特征，由市场来主导必然会导致资源配置效率低。因此，地方政府主导有利于在现有制度条件下实施生态补偿（靳乐山，2008）。从市场机制来看，市场的资源配置效应使得市场补偿相对于政府补偿更具有灵活性和激励性，基于市场的补偿是对政府补偿的一个有利补充，是从输血型补偿到造血型补偿方式的转变（赵娜，2015）。也有学者将市场生态补偿定义为，利用经济手段协调各利益主体之间的矛盾与冲突，通过市场行为改善生态环境的生态补偿模式（钟成林等，2021）。

3. 两种生态治理工具的比较

生态作为一种公共物品，兼具非竞争性和非排他性，政府为这种公共物品的主要供给者。但仅依靠政府无法满足对生态的全部供给，因此在政府主导的基础上，让社会参与，结合市场的力量，才能使“生态蛋糕”越做越大（蒙昱竹等，2022）。我国推崇的生态补偿是以政府为主导、社会有序参与、市场有效调节的政策，调动各方生态保护的积极性，提高自然生态系统的稳定性，同时也增强了生态产品的供给能力。生态转移支付从政府补偿角度出发，是生态补偿最重要的方式。生态补偿机制在实践中将“经济蛋糕”和“生态蛋糕”有机结合，协调了生态保护者与受益者之间的利益关系，实现了经济效益和生态效益的辩证统一（崔惠玉，2022；王梓懿等，2021）。因此，生态转移支付是以政府为主导的生态补偿，它是生态补偿最重要的补偿模式，但生态转移支付不是生态补偿的全部，生态补偿还包括产业补偿、技术补偿、劳动补偿等其他市场化要素提供的补偿方式。如果把生态补偿的所有类型记为集合 C，那么 $B \subset C$，即 B 包含于 C，集合 B 是集合 C 的子集（见图 2. 3）。

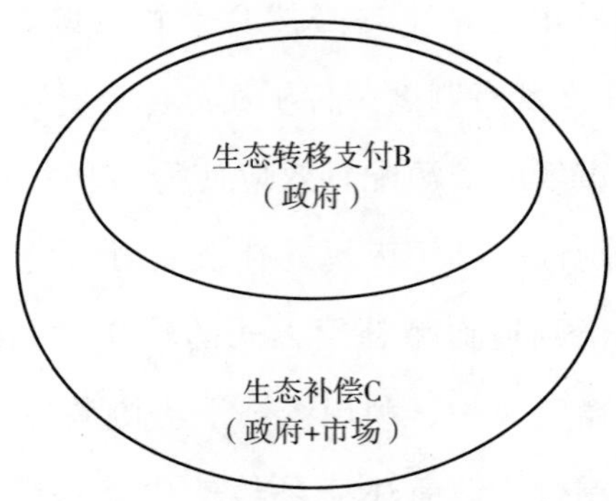

图 2.3　生态转移支付与生态补偿的比较

2.2 生态转移支付的理论框架

2.2.1　生态转移支付的理论渊源

1. 区域间生态要素禀赋不均衡

区域间生态要素禀赋不均衡是生态转移支付制度建立的重要依据。我国区域间要素禀赋不均衡主要表现为自然资源、资本、劳动及技术水平的非均衡分布，其中，自然资源分布不均衡是核心。造成自然资源分布不均衡的重要原因有两个：一是受我国地理位置、气候条件等多方面因素影响，不同地区拥有不同优势的自然资源，尤其是水、能源和矿产等资源分布差异化突出，这就导致自然资源在禀赋上的第一重不均衡；二是部分地区在资源分配以及使用上不科学、不合理等，致使资源日益被浪费、破坏，在一定程度上造成资源利用率低下，甚至试图通过自然资源获取经济收益，这就导致自然资源在禀赋上的第二重不均衡。基于上述两重原因的现实情况，习近平总书记站在生态文明建设的全局高度，提出了“空间均衡”的概念，并指出必须将人类开发活动限制在资源环境承载力的范围内，把握人口、资源与经济发展水平的平衡点。自然资源是经济运行的物质基础，但同时，自然资源因其外部性而难以实现最优配置，这就需要政府进行管制，生态财政转移支付制度的建立很好地协调了这一冲突，并在一定程度上实现了“空间均衡”。具体地，生态转移支付根据财政收支缺口，参考生态系统服务价值、生态保护者的机会成本等因素，将财政资金从中央政府转移给地方政府尤其是自然资源禀赋高、经济发展水平较差的地区。一方面，激励地方生态保护主义者改善生态环境，在把握生态资源环境承载力的基础上，最大限度地保护生态资源，改善第一重不均衡；另一方面，通过制定严格的环境约束，在实现“空间均衡”理念的基础上，科学合理地利用自然资源，改善第二重不均衡。

2. 生态产品供给和需求不均衡

生态环境需求和生态产品供给能力不匹配也是生态转移支付产生的重要原因。随着群众对生态保护的关注不断增加，人民群众对优美的生态环境的需求也在增长。从要“温饱”到要“环保”，从要“生存”到要“生态”，表明中国生态文明建设已经进入提供更多优质生态产品以满足人民日益增加的优美生态环境需要的重要阶段。但是，经济发展不均衡加上生态资源不均衡导致生态环境的需求存在错配。经济发展不均衡突出表现为区域间和城乡间的不均等，一般表现为东中部高于西部、城市高于农村。生态资源不均衡同样存在于区域间和城乡间，表现为西部多于东中部、农村多于城市。如此带来经济与生态在区域间和城乡间的错配，导致生态环境需求层面的不均等。具体表现为经济发展水平较高的东中部地区人民向往西部地区优美的自然生态环境，城市人群渴望乡村优质的空气质量等。同时，现实情况表明，贫困多出现于生态富足但脆弱的地区，这些地区或是缺乏必要的知识、高质量的劳动技能和一定的技术，或是自然灾害频发、卫生条件落后，居民生计高度依赖于自然资源，造成地区产业结构相对单一，经济发展水平低下，居民健康遭受长期威胁，极易陷入贫困状态（祁毓等，2015），如此导致生态产品供给层面的不均等。生态产品供给和需求的双重矛盾必然阻碍经济社会的高质量发展。而生态财政转移支付正是经济发展水平较高地区向生态环境脆弱地区提供财政资金的补偿，既能满足发达地区对优质生态产品的需要，又能解决环境脆弱地区提供优质生态产品能力不足的问题。

3. 财政对等原则

财政对等原则，也称财政均等化原则，是生态转移支付的重要理论基础。1959 年，马斯格雷夫（Musgrave）梳理总结出“财政三职能”，确定了政府具有承担收入分配、资源配置（提供公共物品与服务）与经济稳定的支出责任，这成为政府支出责任划分的理论基础。但该理论仅局限于一级政府，而事实上联邦制国家多为多级政府，需要厘清财政职能在不同级别政府之间的最佳分配问题。1972 年，奥茨（Oates）指出，每一级政府都应旨在满足其所在辖区内的公众需求，这一需求则取决于所在辖区的居民，他认为与市场失灵有关的公共品、消除外部性等应该是各州和地方政府的责任，但典型的公共产品（如国防）仍应由联邦政府提供和资助。另一种思路是从公共物品出发对行政辖区进行确定，进而具体划分出辖区支出责任，探讨能够引领行政辖区责任划分合理模式的发展原则，并提出了财政均等化原则，即公共物品的受益者和承担成本者是一致的（Olson，1969）。生态资源作为一种公共产品，受益者是所在区域的所有居民，甚至是全球居民，按照财政对等原则，每个人都应是生态环境保护成本的负担者。但从中国区域自然资源分布和生态产品供需的角度看，当前生态环境的成本负担者往往是生态脆弱区，他们付出了生态环境保护的直接成本，又放弃了发展经济的隐性成本，成本和收益显然不对等。在得不到补偿的情况下，这一产品和服务的供给自然会减少。因此，利用生态财政转移支付的手段，对生态资源富足但经济发展落后区域和生态资源需求较高供给能力较弱地区的地方政府生态保护支出进行财政资金补偿，能够缓解生态环境受益者和成本承担者之间的矛盾，激励地方承担成本者更好地提供生态公共服务和商品。

2.2.2　生态转移支付的理论框架

生态资源作为稀缺的公共产品具有外部性，仅依靠市场可能会造成失灵的现象，中国经济曾经的粗放式增长导致高昂的资源环境代价也证明了这一点。新制度经济学的重要理论科斯定理认为，如果产权被清晰地界定，且交易成本为零，那么不管初始产权如何进行界定，市场交易都会促成资源配置的最优（Coase，1960）。理论上，在生态环境问题中，清晰界定各类生态资源的权属，通过市场之“无形的手”配置生态资源，也能实现帕累托最优。但在实际中，生态资源尤其是跨界生态资源权属的界定以及交易成本的存在都表明，单独依靠市场这只“看不见的手”很难达到预期目标，亟须在政府这只“看得见的手”上进行延伸。那么政府这只手如何延伸？面对各区域生态要素禀赋不均衡、经济发展差异下生态产品供需不均衡的现实，政府如何在有限的财政资源下分配财政资金，以实现生态与经济的协同发展是政府利用财政手段延伸的重点内容。基于此，构建如图 2.4 所示的生态转移支付理论框架。

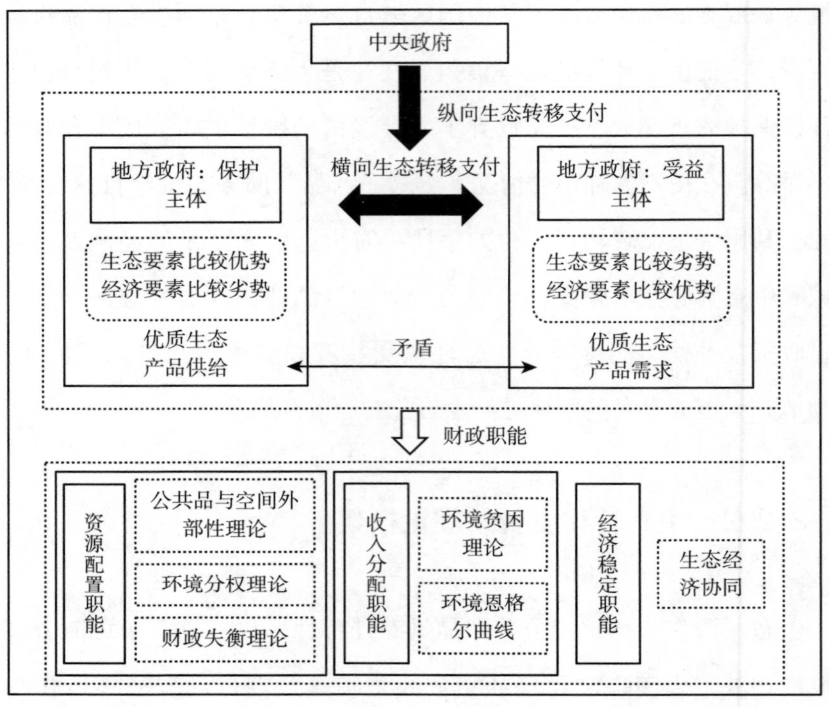

图 2.4　生态转移支付的理论框架

纵向来看，中央政府在地方政府间依据生态因素重新分配税收收入，激励地方政府提供优质生态产品和服务，形成了中央政府（或上级政府）对地方政府（或下级政府）的纵向生态转移支付。横向来看，在跨界生态资源明晰权属的前提下，地方政府依据“谁受益，谁补偿”的原则，由生态要素比较劣势、经济要素比较优势的地方政府向生态要素比较优势、经济要素比较劣势的同级政府提供补偿资金，形成了地方政府间的横向生态转移支付。如此构建的“纵向＋横向”生态转移支付体系，既能缓解单一纵向转移支付资金的财政可持续性，又能从全局角度统筹各方利益，减少各主体间博弈和讨价还价行为，缓和利益冲突，节约交易成本。同时，作为一项财政政策，生态转移支付拥有收入分配、资源配置和经济稳定三大职能。从资源配置的角度来看，生态转移支付能够弥补财政收支缺口，改善财政失衡，提高基本公共服务供给；从收入分配的角度来看，生态转移支付能够通过增收效应缓解“环境贫困陷阱”；从经济稳定的角度来看，生态转移支付不仅是一项环境政策，还要在保护生态环境，提供优质生态产品的基础上，促进经济发展。

2.3 生态转移支付的财政职能

公共财政是政府弥补市场失灵的重要手段，其目的在于实现资源合理配置、收入分配公平和经济稳定发展。其中，资源配置职能是指通过财政支出提供公共物品，进而实现资源的合理配置，实现效率目标；收入分配职能是指政府通过收支活动，增加低收入人群的支出项目，合理调整收入分配格局，实现公平目标；经济稳定发展职能是指以经济增长为核心，调整收支结构，促进社会经济持续发展，实现稳定目标。财政联邦主义认为，资源配置职能是中央政府和地方政府的共同职能，收入再分配和宏观经济稳定是中央政府的职能。生态转移支付作为一项财政政策，其所拥有的财政职能可以从以下几个理论展开分析。

2.3.1　生态转移支付的资源配置职能

1. 公共品与空间外部性理论

根据萨缪尔森（Samuelson，1954）的定义，公共品是任何一个人对它的消费都不会减少其他人对它的消费，具有消费的非竞争性和受益的非排他性。生态环境属于一种典型的公共产品，任何人消费良好生态环境不会对其他人造成排斥，同样也不会影响其他人消费，如空气、清洁的水等都属于生态公共产品。对于生态公共产品而言，他们的供给是有限的，但消费者对此的需求会增加，难以实现最优数量的供给。同时，因为生态公共产品消费也具有非排他性，也会不可避免带来“搭便车”的问题，其结果是生态产品供应效率低下或无效，从而影响了对生态产品生产者的激励。英国新古典经济学家马歇尔创造性提出了“外部经济”的概念，将其定义为企业外部的各种因素导致的生产费用的减少（Marshall，1890）。随后，庇古在此基础上扩展了“外部不经济”的概念（Pigou，1920）。按照萨缪尔森的定义，外部性是指一个经济主体的生产或消费对其他主体强制征收了不可补偿的成本时，即产生了负外部性；对其他主体带来无需补偿的收益时，即产生了正外部性。

生态环境的保护作为一种公共服务，能够为自身以及周围的环境带来积极的改善作用，产生“正外部效应”；与之相反的是，环境污染同样能够对周围带来负面影响，产生“负外部效应”。按照微观经济学的理论，无论是哪种外部效应，都会造成社会资源配置效率无法达到帕累托最优状态。因此，外部性需要被矫正。“庇古税”采用的方法是，依据污染造成的损害程度对污染者征税，以缩小其生产的私人成本和社会成本之间的差距，但这只考虑了对负外部性的矫正，并未体现对正外部性的激励。高投资、低回报、周期长、外部性强等作为生态环境这类公共产品生产的典型特征，在缺乏生态补偿机制，并且多元化投融资渠道狭窄的情形下，地方政府仅能通过财政投资为其提供生态服务，而提供生态服务的数量与质量在一定程度上受限于地方政府的财力水平，这就容易产生以下结果，即经济发达地区地方政府公共环境职能愈发提升；反之，在经济欠发达地区则愈发减弱。此时，需要政府“这只看得见的手”进行调整。

生态财政转移支付是以经济手段激励环境保护的行为，一方面，对生态服务供给产生正外部性给予财政资金补偿；另一方面，其奖惩机制对生态环境破坏产生负外部性进行惩罚（王怀毅，2022）。它是在融合了“庇古税”和“科斯定理”的基础上，提出了一种新的策略组合来矫正外部性和供给生态服务，具体包括“弱化产权”“补偿利益”“改变生产方式”等（谢凯，2018）。

2. 财政分权理论下的环境分权

传统的财政分权理论认为中央政府和地方政府分别提供公共品是有优势的，主要以哈耶克、蒂布特、马斯格雷夫、奥茨等的研究为代表。哈耶克（Hayek，1945）是最早提出分权思想的，他认为地方政府在掌握地方居民的真实偏好方面有优势，因为地方居民离地方政府比离中央政府更近，实行分权能够减少信息在居民和政府间传递过程中形成的损耗问题，从而提高公共品的供给效率。蒂布特（Tiebout，1956）开创性地将竞争引入政府部门，假如辖区之间可以自由流动，居民可以用脚投票来证明哪个辖区的公共服务更适合自己，以此保证居民和公共物品之间能够更好的匹配。但是，Tibeout 模型直接假定了地方政府能够有效提供公共物品，并没有提及政府合意性问题，而政府合意性需要政治程序“用手投票”解决。马斯格雷夫（Musgrave，1959）修正了 Tibeout 模型，认为分权改善公共福利是有前提的，只有税收和支出责任相对应时，分权才能改善公共品的提供。

根据财政分权理论，环境分权同样能够减少环境信息在地方居民和政府间传递过程中的损耗，进而能够提升环境公共产品的供给效率。这是由于地方政府掌握本地环境信息相对于其他地区掌握的信息更加全面，且税收和支出责任相对应时，分权的效率更高。权力下放规则意味着生态产品和服务的提供应该酌情分配给下级政府，但这一规则的执行需要根据各种自然资源和环境区划的具体特征给出适当的解决方案。全球变化如气候变化或生物多样性损失等问题，需要中央政府发挥基础性作用，流域间水资源等跨区域生态公共品不单单需要中央政府，更需要中央政府与各级政府之间相互协作、共同承担。分权政府提供的商品和服务可能会产生超出其管辖范围的利益，否则就会出现提供不足的风险。通过使用经济手段将外溢成本和效益内部化是处理这一问题的策略之一，因此政府间生态财政转移支付可以成为公共环境治理中的有力工具。

3. 财政失衡理论

在过去相当长的时间内，关于财政平衡、赤字及财政失衡的政策研究，都是针对同级政府财政收支状况进行，很少研究各级政府间的财政收支情况（Rosen，2004；陈共，1999；邓子基，2005）。随着各国上下级政府和同级政府间财政收支差异日益扩大，如何从理论的角度厘清这种差异变得重要起来。国外一些学者在论及政府间转移支付制度时，均把纵向失衡与横向失衡作为合理调剂财政资金、提供公共产品和服务的重要依据（孙开，1998）。在财政分权制度下，中央政府拥有更高的财政收入，地方政府承担更多的支出责任，当地方政府的自有收入不能满足支出需求时，就造成纵向财政失衡。纵向财政失衡在中国生态环境领域更为凸显。当前，中国治理污染、保护环境的职责主要由地方政府承担，环保税虽为地方政府收入，但未设置专款专用，与支出责任相比差距明显。与之相对应的纵向生态财政转移支付，便是调整生态环境领域上下级政府收入与支出责任错配的财政工具。

财政失衡还表现在同级政府之间，受生态要素禀赋和经济发展水平之间的绝对差异的影响，富裕地区财政收入充沛，贫困地区税源狭小、财政收入拮据。但贫困地区比富裕地区更需要大量的基础设施投资，这就需要横向转移支付政策的调节。横向生态转移支付便能缩小经济富裕但生态贫困区和经济贫困但生态富裕区之间的差异，以及在收入能力、支出水平和提供基本公共服务能力等方面存在的差异，最终实现各地区在公共服务能力上的大致均等化。

2.3.2 生态转移支付的收入分配职能

1. 环境贫困理论

对于环境与贫困之间的关系，1992 年《世界发展报告》指出，环境退化与贫困之间存在相互加强的关系。20 世纪 90 年代，中国学者研究贫困地区经济与环境的协调发展问题，首次提出了“低收入—生态破坏—低收入”的恶性循环（厉以宁，1991）。在经济发展的早期阶段，环境污染会加速恶化，拖累经济的发展，经济发展的放缓又会刺激生产，进一步加剧污染，如果政策干预时机和力度选择不当，则会使经济体陷入“发展—污染—发展—污染”的陷阱中（祁毓，2015）。中国国家重点生态功能区、贫困地区和生态脆弱区高度重叠，导致重点生态功能区承担的水土净化、防风固沙、维持生物多样性等生态功能、生态脆弱区亟待保护的事实与贫困地区面临的经济发展的需要产生了矛盾（李超显，2021）。国家重点生态功能区内限制各种开发活动以减少对生态环境的破坏，使这些地区丧失很多发展的机会，经济发展稍显落后。同时为了保护和维持生态环境，又必须投入大量环保财政资金。因此，通过生态转移支付保护环境的同时兼顾经济发展来实现生态扶贫是非常重要的一环，也是跳出“环境贫困陷阱”的重要手段。

2. 环境恩格尔曲线

环境恩格尔曲线（EEC）由莱文森和欧布莱恩（Levinson & O'Brien, 2019）提出，反映了家庭隐含污染排放、家庭收入水平以及家庭和人口特征之间的关系。他们使用美国家庭微观调查数据，讨论并验证了环境恩格尔曲线的存在性，且发现该曲线向上倾斜并呈凹形。这说明家庭隐含污染排放的增幅小于收入的增幅。在此基础上，亦有学者研究提出“公平—污染困境”，认为收入不平等的程度对总排放量很重要，低收入家庭额外消费带来的排放量增加将大于高收入家庭消费下降带来的减排量（Sager, 2019）。生态转移支付能够提高家庭收入水平，进而改变隐含污染物排放，如图 2.5 所示。具体作用渠道有两种：一是生态转移支付带来的收入规模效应，但这一效应对隐含污染物的排放结论不一。有学者认为随着家庭收入的增加，生产其消费的商品和服务所需排放的污染会增加（李军等，2021）。也有学者认为收入增长对污染物的排放与经济、人口等因素有关（王勤花等，2013）。二是生态转移支付带来的消费结构的调整效应，家庭消费结构的优化有利于家庭隐含污染物排放的降低。

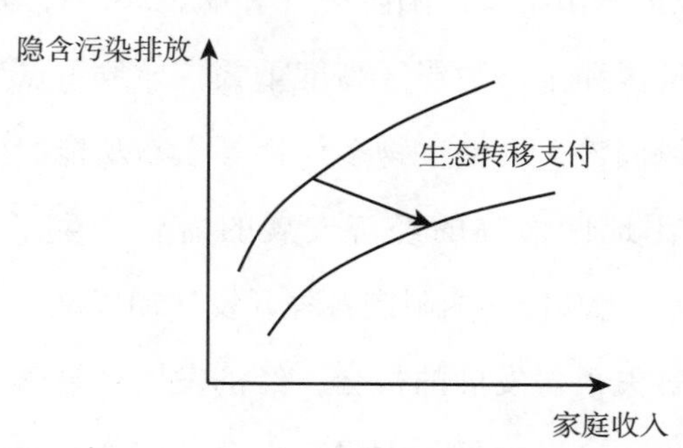

图 2.5　生态转移支付对环境恩格尔曲线的影响

2.3.3 生态转移支付的经济稳定职能

1. 理论模型构建

假设2-1：地方政府是参与者1，中央政府是参与者2。假定所有参与者都是有限理性的（Friedman，1998），各参与主体的策略选择随着时间的演化逐渐趋向于最优策略模式。

假设2-2：地方政府是政策执行者，收到生态转移支付资金后，地方政府有两种选择，一种是严格按照政策中规定的范围和分配原则使用资金，另一种是在自身利益最大化的驱动下，偏离政策使用规定，将生态转移支付资金用于经济建设领域，以争取在“政治锦标赛”中谋得职位晋升。因此，地方政府的策略空间为：$\alpha=(\alpha1,\alpha2)=$（保护生态，发展经济），并以 x 的策略比例选择 $\alpha1$，以（$1-x$）的策略比例选择 $\alpha2$，$x\in[0,1]$。中央政府作为政策规划者，追求社会福利最大化原则，其策略空间 $\beta=(\beta1,\beta2)=$（严格监管，疏于监管），并以 y 的策略比例选择 $\beta1$，以（$1-y$）的策略比例选择 $\beta2$。

假设2-3：尽管“两山”理念一再强调“绿水青山就是金山银山”，但绿水青山的生态价值转化为经济效益仍需大量成本，此时：（1）收益：地方政府获得生态转移支付资金 TR，当地方政府选择保护环境时会获得全部资金，而地方政府选择发展经济便偏离政策目标，中央政府会减少资金分配，随即获得短暂但高额的经济收益 TR'，其中 $TR<TR'$。（2）成本：地方政府选择保护环境时所需要的成本为 C，选择发展经济时，所需要的成本为 C'，保护生态环境导致的高昂成本使得 $C>C'$，且相应的成本均小于收益。（3）地方政府信息公开意愿为 η：地方政府信息公开意愿受中央政府监管程度影响，当中央政府严格监管政策实施情况时，地方政府信息公开意愿被迫提升 η_1，此时公开的政策实施相关信息会提高政府在居民心中的信任度，同时起到监督的作用，地方政府也会从中获益 M。当中央政府疏于监管政策实施时，地方政府信息公开意愿会降低，信息公开效率低下，难以从中获益。

假设 2－4：中央政府是政策制定者，通过建立公平有效的绩效考核评价体系和奖惩机制等手段激励约束地方政府行为。此时，（1）严格监管下，生态转移支付资金被用于保护生态环境，进而提高整个社会福利 W，监管不严格时，生态转移支付资金被挪作他用，会加剧生态环境恶化降低社会福利，下降为 E。（2）监管成本：假定中央政府严格监管生态转移支付资金的分配情况和使用去向，监管成本为 SC，松懈监管生态转移支付资金的使用，成本为 ΦSC，其中 $0 < \Phi < 1$。（3）假定当中央政府进行严格监管时，其对地方政府的生态转移支付力度下降 λ 个百分点。

根据以上假设，中央政府和地方政府的混合策略博弈矩阵如表 2.1 所示。

表 2.1　　央地政府混合策略博弈矩阵

		中央政府	
		严格监管 y	疏于监管 1 - y
地方政府	保护生态 x	$(TR - C + \eta_1 M, W - SC + \lambda TR)$	$(TR - C, W - \Phi SC)$
	发展经济 1 - x	$(TR' - C' + \eta_1 M, -E - SC + \lambda TR)$	$(TR' - C', -E - \Phi SC)$

2. 演化博弈分析

地方政府贯彻执行生态转移支付政策，将其用于保护环境的期望收益为：

$$\pi_1 = y(TR - C + \eta_1 M) + (1 - y)(TR - C) \tag{2.1}$$

地方政府偏离政策规定，用于发展经济的收益为：

$$\pi_2 = y(TR' - C' + \eta_1 M) + (1 - y)(TR' - C') \tag{2.2}$$

地方政府的平均收益为：

$$\pi = x\pi_1 + (1 - x)\pi_2 \tag{2.3}$$

地方政府策略选择的动态复制方程为：

$$F(x) = \frac{d_x}{d_t} = x(1 - x)(\pi_1 - \pi_2) \tag{2.4}$$

中央政府颁布生态转移支付政策后严格监管的效用为：

$$u_1 = x(W - SC + \lambda TR) + (1 - x)(-E - SC + \lambda TR) \tag{2.5}$$

疏于监管的效用为：

$$u_2 = x(W - \Phi SC) + (1 - x)(-E - \Phi SC) \tag{2.6}$$

中央政府的平均效用为：

$$u = yu_1 + (1 - y)u_2 \tag{2.7}$$

中央政府策略选择的动态复制方程为：

$$F(y) = \frac{d_y}{d_t} = y(1 - y)(u_1 - u_2) \tag{2.8}$$

3. 求解均衡点及稳定性分析

进一步求解由地方政府和中央政府双主体的复制动态方程组，可得五个均衡点，分别是 $E_1(0,0)$，$E_2(0,1)$，$E_3(1,0)$，$E_4(1,1)$，$E_5(x^*, y^*)$，但考虑到均衡点的实际效用，本部分不列入无实际意义的均衡点的具体表达式，对于剩余 4 个均衡点是否演化稳定，可以通过各均衡点对应的雅可比矩阵的特征值来判定，当其对应的特征值均小于0时，该均衡点稳定；当其对应的特征值至少有一个具有正实部，则该均衡点为不稳定点；当除特征值为零以外，其余特征值都为负实部，则该均衡点处于临界状态，稳定性不能仅根据特征值的符号来界定。

$$J = \begin{bmatrix} \frac{\partial F(x)}{x} & \frac{\partial F(x)}{y} \\ \frac{\partial F(y)}{x} & \frac{\partial F(y)}{y} \end{bmatrix} = \begin{bmatrix} J_1 & J_2 \\ J_3 & J_4 \end{bmatrix} \tag{2.9}$$

式（2.9）中：

$J_1 = (2x-1)(C - C' - TR + TR')$

$J_2 = 0$

$J_3 = 0$

$J_4 = -(2y-1)(\lambda TR - SC + \Phi SC)$

均衡点 $E_1(0,0)$ 的雅可比矩阵即为：

$$J_1 = \begin{bmatrix} C' - C + TR - TR' & 0 \\ 0 & \lambda TR - SC + \Phi SC \end{bmatrix} \tag{2.10}$$

该矩阵的特征值分别为 $\lambda_1 = \lambda TR - SC + \Phi SC$，$\lambda_2 = C' - C + TR - TR'$。同理可计算出另外三个均衡点及其对应的雅可比矩阵和特征值，计算结果如表2.2所示。

表2.2　雅可比矩阵及特征值

均衡点	Jacobian 矩阵特征值
	λ_1，λ_2
$E_1(0,0)$	$\lambda TR - SC + \Phi SC, C' - C + TR - TR'$
$E_2(0,1)$	$SC - \lambda TR - \Phi SC, C' - C + TR - TR'$
$E_3(1,0)$	$\lambda TR - SC + \Phi SC, C - C' - TR + TR'$
$E_4(1,1)$	$SC - \lambda TR - \Phi SC, C - C' - TR + TR'$

推论：当 $SC < \frac{\lambda}{1-\Phi}TR$ 时，复制动态方程组存在一个稳定点，即 E4(1,1)。此时，中央政府选择严格监管，地方政府选择环境保护。推论表明当中央政府的监管成本小于生态转移支付资金的一定比例时，中央政府通过建立公平有效的绩效考核评价体系和奖惩机制等手段严格监管生态转移支付资金的分配情况和使用去向，能够保证生态转移支付资金重点用于环境保护方面。但需要注意的是，在央地博弈模型里，经济发展并未形成稳定的均衡解。这说明，如果中央政府将生态转移支付政策目标局限于保护生态环境中，可能会带来地方政府重生态而轻经济的现象。“两山”理念表明，绿水青山与金山银山是同等关系，绿色发展也要求生态与经济的有效协同。因此，在评估生态转移支付的环境效应时，绝不能忽视经济的发展。

2.4 本章小结

为深入剖析生态转移支付的形成原因、造成影响以及环境与财政之间的作用关系，本章以生态转移支付、公共财政转移支付和生态补偿的概念为起点，辨析三者的区别和联系。总的来看，生态转移支付是公共财政转移支付的一种形式，是当前经济发展水平下生态补偿的政府手段，生态转移支付内涵于公共财政转移支付和生态补偿。在概念界定和财政职能论述的基础上，本章深入剖析生态转移支付的理论渊源，从生态要素禀赋、生态产品供需错配和财政对等原则三个方面阐释生态转移支付的形成逻辑，并构建理论框架。其中，生态要素禀赋不均衡与生态产品和服务在区域间、城乡间供需错配是生态转移支付形成的重要原因，财政对等原则是政府间生态转移支付实施的理论依据。此外，根据财政的资源配置、收入分配和稳定经济三大职能，结合公共品理论、环境分权理论、财政失衡理论、环境贫困理论、环境恩格尔曲线和央地博弈演化模型等，详细论述生态转移支付的基本公共服务均等化效应、收入分配效应和生态经济协同的绿色发展效应。

Chapter 3

第3章 生态转移支付政策演变与现实特征

中国已初步建立起重点领域和重点区域相结合的纵向生态财政转移支付体系。重点领域包含了森林、草原、湿地、荒漠、海洋、水流和耕地七大领域。其中，2021 年安排林业草原转移支付资金 1039 亿元[①]；“十三五”期间，安排中央财政湿地补助 83.7 亿元[②]；2022 年首次针对荒漠生态保护补偿试点投入资金支持 1.1 亿元。[③] 重点区域主要指重点生态功能区，2013 ~2023 年重点生态功能区转移支付资金，从 423 亿元增加到 1091 亿元，累计投入 7900 亿元。[④] 重点领域和重点区域生态转移支付制度的建立，有效提高了森林整体效益，缓解了人、草、畜之间的矛盾，维护了湿地生态系统安全，推进了荒漠化石漠化综合治理，更是惠及了大批林农牧民，推动基本公共服务均等化，缩小了地区间收入差距，并助力巩固脱贫攻坚。

---

① 财政部调研组发布《2021 年上半年中国财政政策执行情况报告》[EB/OL]. 中华人民共和国财政部，2021 - 08 - 27.

② “十三五”我国投资近百亿元保护湿地　新增湿地面积逾 20 万公顷 [N]. 经济日报，2021 - 02 - 03.

③ 荒漠化石漠化综合治理稳步推进 [N]. 中国绿色时报，2022 - 01 - 24.

④ 中央财政在生态保护方面补偿力度持续加大 [EB/OL]. 中国政府网，2024 - 05 - 17.

3.1 纵向生态转移支付政策演变

3.1.1 重点领域生态转移支付政策演变

2016 年，国务院发布《关于健全生态保护补偿机制的意见》，明确了我国生态财政转移支付的七大重点领域，包括森林、草原、湿地、荒漠、海洋、水流及耕地，并提出在七大重点领域的重点任务。

1. 森林生态转移支付

森林生态效益补偿是我国最早开始的生态转移支付措施，主要用于公益林、天然林等重要林木的保护与管理，相关政策梳理如表 3.1 所示。从时序上看，2007 年，财政部和国家林业局联合发布了《中央财政森林生态效益补偿基金管理办法》，办法创设了森林生态效益补偿基金，补偿资金来源重点以中央财政补偿基金为主，主要用于重点公益林的营造、抚育、保护和管理工作，较大程度改善了重要林木的种植环境；2016 年，财政部、国家林业局联合发布了《林业改革发展资金管理办法》，在林业改革发展中，逐步将森林生态效益补偿补助以及天然林保护管理补助联合作为补充；2018 年，财政部、国家林业和草原局发布了《林业草原生态保护恢复资金管理办法》，将新一轮的退耕还林还草、天然林保护工程政策性、社会性支出等方向的专项资金纳入林业生态保护恢复基金进行统一管理安排。2016～2018 年连续 3 年累计拨付林业转移支付资金 2636 亿元，[①] 为天然林保护制度的完善、退耕还林还草规模的扩大、造林绿化

① 打好污染防治攻坚战　三年财政投入累计达 2.45 万亿 [EB/OL]. 人民网，2019－12－25.

的推广、大规模国土绿化行动的启动、荒漠化治理的推进、湿地保护和恢复的强化提供了重要的资金支持。

表 3.1 森林生态财政转移支付相关政策

政策年份	发布部门	政策名称
2007	财政部、国家林业局	《中央财政森林生态效益补偿基金管理办法》
2016	财政部、国家林业局	《林业改革发展资金管理办法》
2018	财政部、国家林业和草原局	《林业草原生态保护恢复资金管理办法》
2021	财政部、自然资源部、生态环境部、应急管理部、国家林业和草原局	《中央生态环保转移支付资金项目储备制度管理暂行办法》
2022	财政部、国家林业和草原局	《关于调整林业草原转移支付资金管理办法有关事项的通知》

资料来源：中华人民共和国中央人民政府网站、国家林业和草原局网站。

2021 年，财政部、自然资源部等五个部门发布《中央生态环保转移支付资金项目储备制度管理暂行办法》，将林业草原生态保护恢复资金和林业改革发展资金及其他生态环保转移支付资金纳入中央生态环保资金项目储备库管理范围，进一步规范资金管理。2022 年，财政部和国家林业和草原局发布了《关于调整林业草原转移支付资金管理办法有关事项的通知》新增了林长制督查考核奖励支出，更加凸显林长制的重要性。

2. 草原生态转移支付

对草原生态保护的补助奖励机制是草原生态转移支付的财政政策的具体体现，主要包括对禁牧补助、草畜平衡奖励、牧草良种补贴和牧民生产资料综合补贴等措施。

2009 年，草原生态保护补助奖励机制的试点工作率先在西藏自治区开展；2010 年，财政部、农业部发布了《关于做好建立草原生态保护补助奖励机制前期工作的通知》，决定从 2011 年起，在新疆生产建设兵团以及8个主要草原牧区省（区），包括内蒙古自治区、西藏自治区、新疆维吾尔自治区、青海省、甘肃省、四川省、云南省和宁夏回族自治区等，全面开展草原生态保护补助奖励机制；2011年，财政部、农业部又发布了《中央财政草原生态保护补助奖励资金管理暂行办法》，设置草原生态保护补助奖励专项资金，实施一系列补助奖励政策；2014年，财政部、农业部进一步联合发布《关于深入推进草原生态保护补助奖励机制政策落实工作的通知》，将草原生态保护补助的奖励范围扩大至15个地区，新增黑龙江省农垦总局以及河北省、山西省、辽宁省、吉林省、黑龙江省五个省区；2016年财政部、农业部发布《新一轮草原生态保护补助奖励政策实施指导意见（2016－2020年）》，决定在“十三五”期间启动实施新一轮草原生态保护补助的奖励政策，重点突出绩效评价奖励资金，并对成效显著的省区给予资金奖励。

3. 湿地生态转移支付

湿地生态转移支付的建立源于湿地保护工程规划的实施。2006年，国家林业局、科技部等八个部门共同编写《全国湿地保护工程实施规划（2005－2010）》（以下简称《规划》），标志着全国湿地保护工程正式启动实施。《规划》将全国湿地按地域划分为八个湿地保护类型区域，并安排四项重点建设工程；2010年，财政部、国家林业局发布《关于2010年湿地保护补助工作的实施意见》，开展湿地保护补助工作，完善了公共财政支持林业生态建设政策体系的重要内容；2011年，财政部、国家林业局又发布了《中央财政湿地保护补助资金保护管理暂行办法》，对湿地保护专项补助资金的使用加强管理，进一步在监测与监控设施维护和设备购买支出、管护支出、退化湿地恢复支出等方面进行明文规定；2014年，中央财政增加并安排林业补助资金，为退耕还湿、湿地生态效益补偿试点和湿地保护奖励等工作的启动提供资金支持；同年又发布了《关于切实做好退耕还湿和湿地生态效益补偿试点等工作的通知》，提出要加强财政资金管理。

3.1.2　重点区域生态转移支付政策演变

中国幅员辽阔，地形地貌种类丰富，生态环境、经济发展程度也各不相同，各区域的资源环境承载能力、资源开发强度和经济发展潜力同样存在差异。因此，对国土资源进行划分十分有必要。只有确定不同区域的主体功能，财政政策才能有的放矢。基于此，重点生态功能区财政转移支付政策与生态功能区划和主体功能区划遵循交叠演进的路径并不断拓展。其中，生态功能区划是主体功能区规划的重要依据，而主体功能区划又是生态功能区划的重要载体，二者共同成为重点生态功能区财政转移支付的主要依据。

1. 生态功能区划的演进路径

在考虑生态环境特征、生态环境敏感性和生态服务功能的空间差异性与相似性的基础上，生态功能区划将区域划分成不同的生态功能区。生态功能区划的理念最早源于2000年，国务院发布的《全国生态环境保护纲要》，明确提出生态保护的指导思想、目标和任务，并要求探索开展全国范围内的生态功能区划分工作；2002年，为贯彻落实中央“加快生态环境调查，抓紧制定生态功能区划和生态环境保护规划”[①]的重要精神，国家环保总局发布了《关于开展生态功能区划工作的通知》，提出组

① 原国家环保总局发布《关于开展生态功能区划工作的通知》（环发〔2002〕117号）[EB/OL]. 中华人民共和国生态环境部，2002-08-15.

织开展生态功能区划分工作，并于2003年开始中东部地区的生态功能区划的编制工作；2005年，国务院发布了《关于落实科学发展观 加强环境保护的决定》，再次要求抓紧编制生态功能区划的工作；如此迫切需求下，2008年，环境保护部、中国科学院联合发布了《全国生态功能区划》编制文件，将全国的生态功能区划分成3类31个生态功能一级区、9类67个生态功能二级区以及216个生态功能三级区；2015年，为适应新时期生态安全和保护的形势，环境保护部、中国科学院又发布了《全国生态功能区划（修编版）》，此次修编将生态功能区划分为3大类、9个类型、242个生态功能区，并沿用至今。

2. 主体功能区划的演变进程

生态功能区划是主体功能区划的重要政策依据，其保障与政策落实主要以主体功能区为重要载体和途径，二者之间紧密联系、相互影响。相比于生态功能区划较强的基础性和专业性，主体功能区划着重强调“合理开发”，倡导根据资源环境的承载能力、现行的开发密度和未来的发展潜力，综合考虑未来人口分布、经济布局、城镇化布局以及国土资源分布的格局，对不同区域实施优化开发、有重点的开发、有限制的开发以及禁止开发。2006年，国务院办公厅发布了《关于开展全国主体功能区划规划编制工作的通知》，强调编制全国主体功能区的规划是开展“十一五”规划中的一项新举措，对促进我国经济社会全面协调可持续发展具有重要意义；2007年，国务院发布了《关于编制全国主体功能区规划的意见》，再次强调了编制主体功能区规划的重要意义；2010年，《全国主体功能区规划》的文件正式出台，将国土空间按照开发方式分为优化开发区域、重点开发区域、限制开发区域和禁止开发区域，为重点生态功能区的政策安排提供了规划依据；2015年，环境保护部发布了《关于贯彻实施国家主体功能区环境政策的若干意见》，强化了全国主体功能区划的地位，并对各类生态功能区提出了一系列政策要求。

3. 重点生态功能区生态财政转移支付政策梳理

重点生态功能区是中国良好生态环境的保障区，同时也是资源较丰富、经济欠发达、人口集中分布区。生态功能区有着涵养水源、保持水土、维护生物多样性等改善环境的功能，在一定程度上存在着“正外部效应”（曹俐，2022）。生态功能保护区的发展需要把生态保护、生态建设与地方社会经济发展、群众基本生活保障提高有机融合。但是，在发展的过程中，生态红线的划定和开发强度的严格控制导致生态功能区财源受限、财力不足，由此带来的地方财政收支缺口亟须补足。2008 年，以提高生态功能区等重要地区基本公共服务保障能力为重要目标的国家重点生态功能区转移支付政策（以下简称“生态转移支付”）应运而生，该政策以生态功能区划为主要基础，并依托于主体功能区的划分，对于推动生态文明建设、保障和改善民生具有重要战略意义。结合生态功能区划作为主体功能区划的重要基础，并依托于主体功能区的划分，2009 年，财政部研究并制定了《国家重点生态功能区转移支付（试点）办法》，尝试在部分生态功能区及生态环境较好的省区进行试点工作，但并没有对转移支付的对象作出具体规定；2011 年，中央财政发布了《国家重点生态功能区转移支付办法》，正式设立了国家重点生态功能区的转移支付，并基于《全国主体功能区规划》明确对其中规定的限制开发的重点生态功能区及其他生态功能重要区域所属县域实行财政转移支付。此后，每年中央财政都会拨付转移支付资金用于保护重点生态功能区的生态环境，同时改善当地民生。图3.1 展示了生态功能区划、主体功能区划及重点生态功能区转移支付政策的交叠演变，三者相互补充、密切相关。

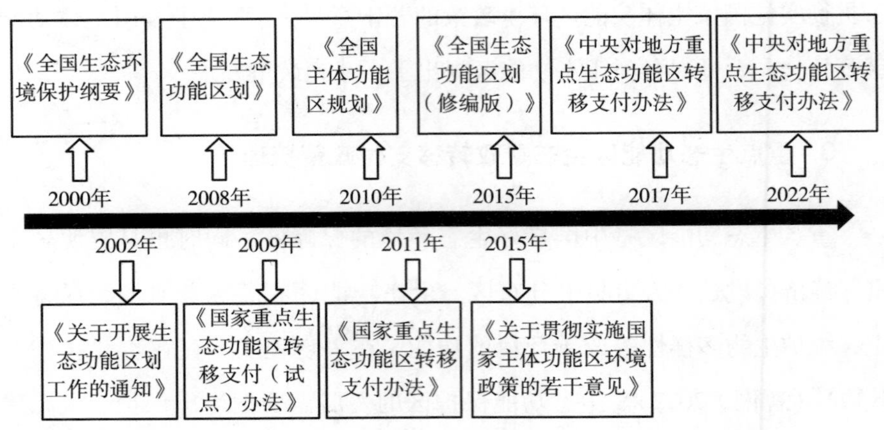

图 3.1　生态功能区、主体功能区和生态转移支付政策的交叠演进

3.1.3　纵向生态转移支付政策演变特征

1. 初步形成重点领域与重点区域相结合的纵向生态转移支付格局

我国纵向生态财政转移支付政策经历了多年实践，在森林、湿地、草原、海洋、水流、荒漠以及耕地等重点领域和生态功能区等重点区域内，建立了生态补偿转移支付机制，并取得了积极成效，逐渐形成了点面相结合的纵向生态转移支付格局。从点的层面来看，林业生态转移支付政策发展较为成熟，也是我国早期对生态补偿转移支付的尝试，为草原、湿地等其他领域转移支付政策的实施奠定了重要基础。从面的角度来看，重点生态功能区转移支付依据生态功能区划和全国主体功能区划，涵盖了生态文明示范区、“三区三州”等深度贫困地区以及长江经济带等重要战略地区，形成了长期稳定的生态转移支付机制，有效提升了地方政府保护环境和改善民生的基本能力。总的来看，在重点领域和重点区域实施的财政转移支付政策初步形成了由点及面、点面结合的纵向生态财政转移支付格局。

2. 逐渐发展以政府为主体各部门协同运行的纵向生态转移支付模式

纵向生态财政转移支付政策中各部门协同运作的模式逐渐成型，如林业转移支付涉及的资金项目储备制度管理办法是由财政部、自然资源部、生态环境部、应急管理部和国家林业和草原局五部门联合发布、共同建设和完善；湿地保护工程规划是由国家林业局牵头、9 个相关部门共同编制；重点生态功能区转移支付政策的实施主要依据财政部和环保部门等共同设置。单一部门政策的制定和完善往往缺乏效率，与生态保护相关的政策又极易出现政出多门的现象，现行的各部门协同运行的纵向生态财政转移支付模式能够有效避免上述难题，较大减少部门间的摩擦成本，形成部门合力，提升政策施行的效率。现代治理理论认为，多元主体共治才是现代国家治理的本质内涵。但值得注意的是，当前的纵向生态财政转移支付尚未形成现代治理的多元主体共治格局。无论是重点领域还是重点区域的纵向生态财政转移支付政策，其支付主体都是政府，主要是由中央政府向地方政府拨付转移支付资金。

3. 重点强调以奖励为主的绩效考核制度

绩效管理是创新政府管理方式的重要举措，在生态财政转移支付中也有体现。林业转移支付中新增了林长制督查考核奖励支出，草原转移支付中设置生态保护补助奖励专项资金，湿地转移支付中增加了林业补助资金用于奖励湿地保护行为，重点生态功能区的转移支付则新增了绩效考核奖惩资金等，绩效考核制度逐渐渗透于转移支付政策之中，并起到了至关重要的作用。政府是现代社会最具权威的公共机构，政府制定的方针、政策和制度，其运行是否恰当将直接影响经济社会发展的效果。绩效考核是衡量政策效果的有效手段，既能通过奖励的方式，放大政策的正外部性，又能通过惩罚的方式，约束政策的负外部性。就生态转移支付而言，一方面，环境外部性的矫正不仅需要对正向环境行为进行激励，也需要对负向环境破坏的举措给予严格的惩罚；另一方面，生态转移支付的绩效考核制度还需要因地制宜，差异化设置具体细则。而现有的绩效考核制度建立时间较晚，考核细则不够清晰，且缺乏严格的惩罚措施。因此，纵向生态财政转移支付的绩效考核制度还需进一步完善。

3.2 横向生态转移支付政策演变

3.2.1 以“对口支援”为主的横向转移支付雏形建立

横向转移支付是纵向转移支付的有效补充，现在已经成为财政再分配过程中不可或缺的重要组成部分。国际上通常用横向转移支付来调节各级政府和各个地区之间的财政分配关系，如日本、德国等。但目前为止，我国只建立了单一的纵向转移支付模式，从未在制度层面上明确表述过横向转移支付。有学者认为，虽然我国不存在真正意义上的横向转移支付，但是非公式化和非法制化的对口支援政策早就存在，且同样具有横向转移支付性质。“对口支援”已经形成横向转移支付的雏形（丛树海，2022）。1979 年，中央政策正式批转了乌兰夫在全国边防工作会议上的报告，明确要从国家层面组织内地省市对口支援边境地区和少数民族等地区，标志着全国范围内开启了对口支援实践（王禹澔，2022）。具体地，由北京市支援内蒙古自治区、由天津市支援甘肃省、由山东省支援青海省、由河北省支援贵州省、由江苏省支援新疆维吾尔自治区和广西壮族自治区、由上海市支援宁夏回族自治区和云南省，并由全国支援西藏自治区。此次对口支援除了边境和民族地区，还对口帮扶欠发达地区，主要涉及中央定点扶贫、东西扶贫协作和教育、医疗领域的对口支援工作。实际上，自20世纪70年代末就已经出现对口援藏、对口援疆、医疗援助、教育援助、对口支持三峡库区、对口援建汶川灾区，这些类型的“对口支援”已经逐渐形成横向转移支付的雏形，在缩小贫富差距、缓解地方性公共产品不足等方面发挥了重要作用。

3.2.2　以“生态补偿”为主的流域横向转移支付试点先行

由于当前国内试行的生态补偿较少涉及企业等市场主体，多是以地方政府财政资金为主，不少学者认为生态补偿是横向生态转移支付的一种形式（杜振华等，2004；邓晓兰等，2013）。其中，跨省流域生态补偿作为最典型、最复杂的补偿类型，在我国已经进行了广泛的地方试点，如辽宁省、山东省、浙江省、安徽省、江苏省等地区已在行政辖区内的流域开展生态补偿的横向转移支付工作。原国家环境保护总局发布的《关于开展生态补偿试点工作的指导意见》（2007），将生态补偿四大重点领域任务之一明确为推动构建流域水环境生态保护的补偿机制。近几年，流域的生态补偿机制逐渐成为我国的法定制度，并被纳入《中华人民共和国水土保持法》（2010年）、《中华人民共和国环境保护法》（2014年）、《中华人民共和国水污染防治法》（2017年）等。2016年，国务院发布了《关于健全生态保护补偿机制的意见》，指出要“推进横向生态保护补偿，研究制定以地方补偿为主、中央财政给予支持的横向生态保护补偿机制办法”。2020年，国务院办公厅印发了《生态环境领域中央与地方财政事权和支出责任划分改革方案》，明确指出“健全充分发挥中央和地方两个积极性体制机制，适当加强中央在跨区域生态环境保护等方面事权”，由此确立了跨省流域生态补偿的事权和支出责任划分的基本原则。至此，我国关于流域生态补偿横向转移支付的顶层设计与制度框架已基本构建。

3.2.3 各领域横向生态转移支付全面探索

除了对流域进行生态补偿以外，各地方政府也在不断探索其他生态环境要素的横向转移支付方式，如大气、矿产、清洁电力等生态资源的转移支付。以大气生态补偿为例，2020 年，河南省率先出台了《城市环境空气质量生态补偿办法》，该办法选取 PM 2.5的浓度、PM 10的浓度和优良天数作为补偿指标，将大气主要污染物的月度浓度的平均值作为考核依据，要求超过考核基数或者水质发生恶化的省辖市及省直管县向考核低于基数或水质未发生恶化的地区实施财政资金的转移支付，以激励生态环境较好的地区持续保持生态环境改善，同时约束环境发生恶化的区域。国家层面上，2021 年，中共中央办公厅和国务院印发了《关于深化生态保护补偿制度改革的意见》，指出要健全横向补偿机制，总结并推广制度实施较为成熟的经验，对生态功能尤为重要的跨省和跨地市的重点流域实施横向生态补偿转移支付，而中央财政和省级财政要分别给予资金方面的引导支持。总的来看，按照“谁受益谁补偿”的原则，横向生态补偿已经逐渐扩展到自然保护区、矿产资源等领域，并逐步实现全要素各领域的生态补偿横向转移支付的蓬勃发展趋势。

3.3 生态转移支付现实特征

总体来看，重点生态功能区转移支付是持续时间最久、覆盖范围最广的一项生态财政转移支付政策，极具典型和代表性，现有文献又常常将其直接称为生态转移支付。因此，本部分借鉴现有文献的研究，以重点生态功能区转移支付政策为主，从该项政策的资金安排、补偿标准以及分配范围等维度，详细梳理并归纳生态转移支付的现实特征，再依据政策文本的梳理和数据的可得性，利用统计分析和文本分析的方法深入剖析生态转移支付政策的现实特征。

3.3.1 转移支付目标标准优化，保障基本公共服务供给

中央对地方的重点生态功能区转移支付财政政策自发布以来不断优化，其目标和转移支付标准也不断进行调整。表3.2详细列出了政策文件中关于生态转移支付目标的描述。2009~2011年，政策文件多次指出生态转移支付的四大目标，既突出“生态安全”和“强化生态环境保护力度”等环境治理的目标导向，又注重“地方基本公共服务保障能力”和“经济社会可持续发展”等改善民生的重要方向。2012~2016年，生态转移支付四大目标中更加强调“生态文明建设”。2017年至今，生态转移支付目标有所精简，保留了“生态文明建设”“生态环境保护”等生态环境治理目标。值得注意的是，“提高地方政府基本公共服务保障能力”的政策目标贯穿生态转移支付政策始终。

表3.2　　2009~2022年生态转移支付目标

年份	转移支付目标
2009~2011年	（1）维持国家生态安全； （2）引导地方政府加强生态环境保护力度； （3）促进经济社会可持续发展； （4）提高国家重点生态功能区所在地政府基本公共服务保障能力

续表

年份	转移支付目标
2012～2016 年	（1）维护国家生态安全； （2）促进生态文明建设； （3）引导地方政府加强生态环境保护； （4）提高国家重点生态功能区所在地政府基本公共服务保障能力
2017～2022 年	（1）推进生态文明建设； （2）引导地方政府加强生态环境保护； （3）提高国家重点生态功能区所在地政府基本公共服务保障能力

资料来源：2009～2022 年财政部下达的《中央对地方重点生态功能区转移支付预算的通知》。

生态转移支付提高地方政府基本公共服务供给能力还体现在补偿标准的计算上。表 3.3 列出了部分年份生态转移支付的补助公式。其中，2009 年、2011 年和 2012 年的生态转移支付补助金额可以表示为“地方政府财政收支缺口×补助系数+其他”。以财政收支缺口为支付标准的生态转移支付形成了地方政府财政能力的自动稳定器。当重点生态功能区财政支出大于收入时，生态转移支付能够有效调节地方政府能力，保障基本公共服务稳定支出。当重点生态功能区财政支出小于收入时，生态转移支付自动降低补助金额，节约中央政府财政开支。自 2016 年至今，生态转移支付补偿方式有所调整，将补助分为三大类，分别为重点补助、禁止开发补助和引导性补助。其中以重点生态县域为重点补助对象，由中央财政按照标准财政收支缺口并考虑补助系数测算，其中的补助系数除考虑标准财政收支缺口情况以外，进一步结合生态保护区域面积、产业发展受限等因素。

表 3.3　2009～2022 年生态转移支付补助标准

年份	补助标准
2009	某省国家重点生态功能区转移支付应补助额=（∑该省纳入试点范围的市县政府标准财政支出－∑该省纳入试点范围的市县政府标准财政收入）×（1－该省均衡性转移支付系数）+纳入试点范围的市县政府生态环境保护特殊支出×补助系数

续表

年份	补助标准
2011	某省国家重点生态功能区转移支付应补助额 = Σ该省纳入转移支付范围的市县政府标准财政收支缺口 × 补助系数 + 纳入转移支付范围的市县政府生态环境保护特殊支出 + 禁止开发区补助 + 省级引导性补助
2012	某省国家重点生态功能区转移支付应补助额 = Σ该省限制开发等国家重点生态功能区所属县标准财政收支缺口 × 补助系数 + 禁止开发区域补助 + 引导性补助 + 生态文明示范工程试点工作经费补助
2016	某省重点生态功能区转移支付应补助额 = 重点补助 + 禁止开发补助 + 引导性补助
2017	某省重点生态功能区转移支付应补助额 = 重点补助 + 禁止开发补助 + 引导性补助 + 生态护林员补助 ± 奖惩资金
2018	某省转移支付应补助额 = 重点补助 + 禁止开发补助 + 引导性补助 + 生态护林员补助 ± 奖惩资金
2022	某省转移支付应补助额 = 重点补助 + 禁止开发补助 + 引导性补助 ± 考核评价奖惩资金

资料来源：2009 ~ 2022 年财政部下达的《中央对地方重点生态功能区转移支付预算的通知》。

3.3.2　转移支付资金规模加大，调节收入差距功能凸显

2008 ~ 2022 年连续 15 年，中央政府在重点生态功能区内积极投入转移支付 7882.2 亿元，2018 ~ 2022 年生态转移支付资金分别约有 721 亿元、788 亿元、795 亿元、871 亿元、982 亿元，人均生态转移支付金额分别约为 51.76 元、56.29 元、56.27 元、61.62 元、69.60 元，生态转移支付占一般性转移支付金额的比重分别为 1.86%、1.21%、1.14%、1.25%、1.20%。近 15 年的生态转移支付资金占一般性转移支付的比重变化趋势如图 3.2 所示。

样本期间内，从生态转移支付的资金规模可以看出，生态转移支付资金规模呈现出较强的增长态势，2008 年转移支付金额为 60.52 亿元，直至 2022 年已达到 982.04 亿元，年均增长约 22.02%。其中，2010 年增

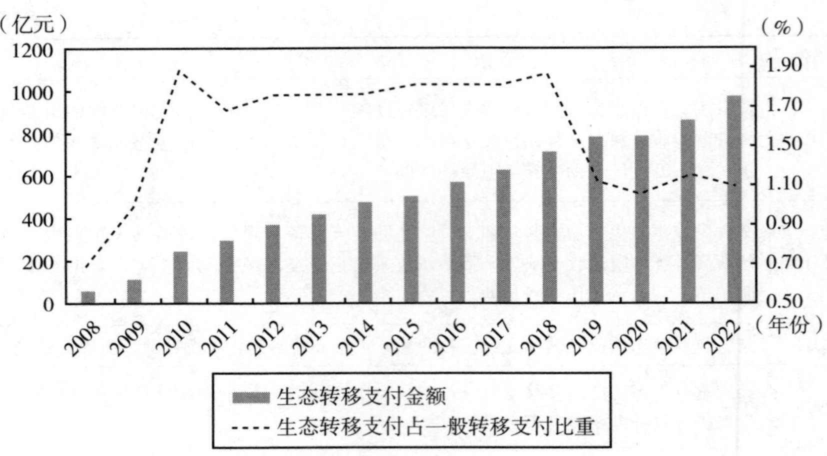

图 3.2　2008～2022 年生态转移支付资金情况

资料来源：2008～2022 年《财政部关于下达中央对地方重点生态功能区转移支付预算的通知》。

速最快，比 2009 年增速增加超一倍。从生态转移支付占一般性转移支付的比重来看，占比先后经历了迅猛增长、平缓上升和急速下降三个趋势。2008～2010 年，生态转移支付占一般性转移支付的比重持续增加，并且以较快的增速进入迅猛发展期。2011～2018 年，比重虽仍在增加但速度放缓，生态转移支付占一般性转移支付的比重进入平缓期。2019～2022 年，生态转移支付占比突然下降，随着经济下行压力和国内大规模减税降费政策的实施，地方对转移支付的需求大幅增加。2019 年，中央财政对地方一般性转移支付力度是历年增幅最高、增量最大的年份，考虑近年由新冠疫情等重大事件导致一般性转移支付需求较大的现状，生态转移支付占比下降也不难理解。整体而言，无论是从规模还是人均或是占比来看，重点生态功能区转移支付都是近年来生态领域中财政资金力度较大的一项环境财政政策。

生态转移支付对收入差距的调节功能具体表现为缩小区域经济差异和改善城乡收入差距两个方面。结合中国区域经济差异和城乡收入差距的区域特征，图 3.3 展示了 2016～2022 年中央下达给各省份的生态转移

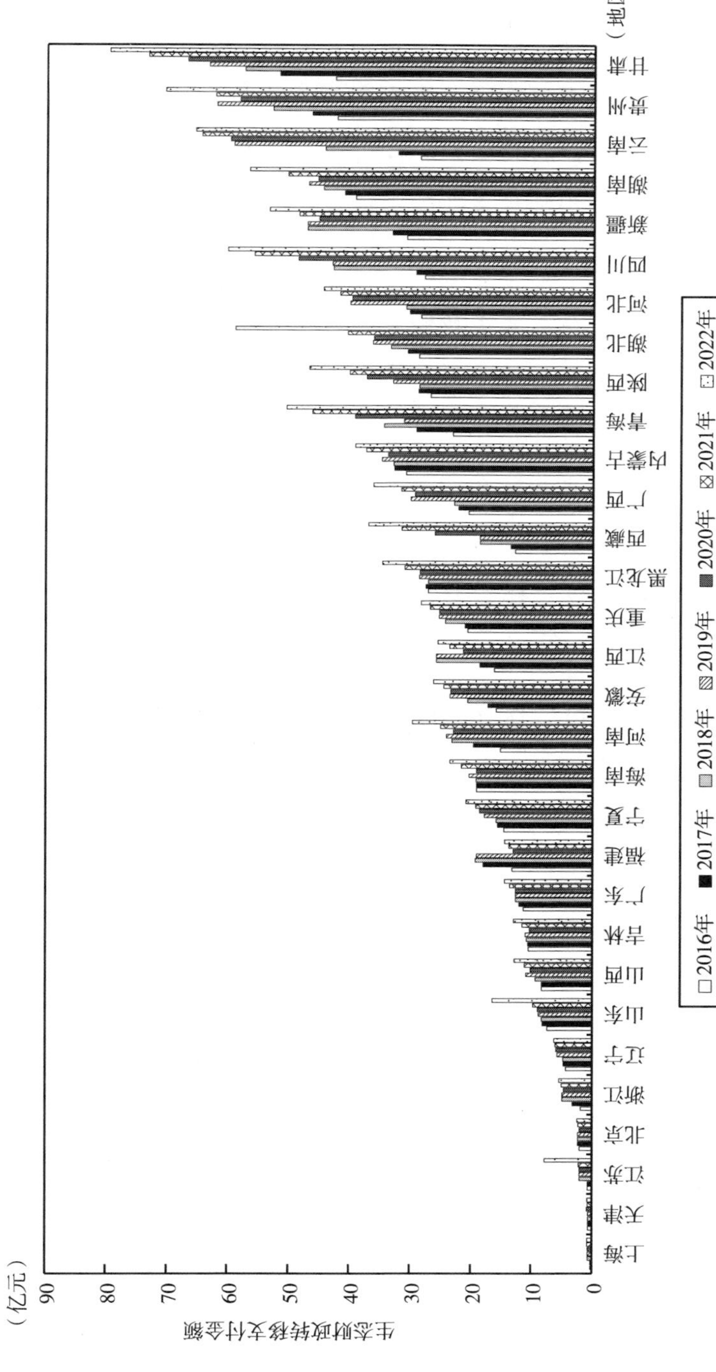

图 3.3　2016～2022 年中央下达各省份的生态转移支付资金情况

资料来源：2016～2022 年《财政部关于下达中央对地方重点生态功能区转移支付预算的通知》。

支付资金状况。从缩小区域经济差距来看，重点生态功能区面积较大的区域，如大小兴安岭森林生态功能区、藏西北羌塘高原荒漠生态功能区、塔里木河荒漠化防治生态功能区、三江源草原草甸湿地生态功能区等，所涉及的黑龙江省、内蒙古自治区、青海省、四川省、新疆维吾尔自治区、云南省等省份，获得的生态转移支付资金较多。而经济发展较好的省份，如上海市、天津市、江苏省、北京市、浙江省等东部地区，获得的生态转移支付资金较少。生态转移支付呈现出区域经济差异的逆向调节功能。从改善城乡收入差距来看，收入差距排名和生态转移支付资金规模具有一致性。收入差距由小到大排名前五的省份分别为天津市、黑龙江省、浙江省、吉林省和河南省，排名后五的省份分别为陕西省、青海省、云南省、贵州省、甘肃省（国家统计局，2020），生态转移支付资金往往较多地拨付给收入差距较大的地区。

3.3.3　转移支付分配范围拓展，实现生态经济绿色发展

重点生态功能区的转移支付范围经历过三次重大调整。第一次调整于 2015 年，基于京津冀成为当时全国环境污染最严重地区的现实背景，在促进京津冀协同发展的重大国家战略需求下，转移支付办法增加了京津冀协同发展生态功能重要区域，对其所属县给予生态转移支付资金支持，并建立转移支付范围动态调整机制。第二次调整于 2016 年，结合国家生态文明试验区建设和生态护林员选聘工作的实施，转移支付办法将新增加的国家生态文明试验区和国家公园体制试点地区等试点示范和重大生态工程建设地区以及选聘建档立卡人员为生态护林员的地区纳入生态转移支付的范围。第三次调整于 2017 年，根据国家对“三区三州”等深度贫困地区脱贫攻坚工作作出的全面部署和长江生态保护工作的迫切

需求，转移支付办法将“三区三州”等深度贫困区、长江经济带沿线省市等纳入转移支付范围。

从覆盖范围上看，我国生态转移支付的分配范围不断拓展。截至2017年，共有819个县（市、区、旗）列入生态转移支付范围，县域数量超过全国县级行政区总数（2851个）的1/4，既涵盖了西部荒漠化地区、东北部林场，又包含了南部山地、长江等流域沿岸地区，覆盖类型种类较多（县域名单详见附录表3－A）。从空间分布上看，转移支付涉及的区域面积西多东少、北多南少，并呈现出由西向东、由北向南逐渐延伸的趋势，这一分布格局与我国区域经济发展格局较为不同，有效地缓解了生态与经济发展的矛盾，避免落入“环境—贫困”陷阱。

3.4 本章小结

本章基于政策梳理和统计数据分析，掌握生态转移支付的政策演变特征。从纵向生态转移支付来看，政策既在森林、草原和湿地等领域逐渐铺开，又在重点生态功能区中迅猛发展，形成了重点领域和重点区域相结合的纵向生态转移支付格局，并呈现出以政府为主体各部门协同运行的转移支付模式。从横向转移支付来看，政策通过对口支援建立转移支付雏形，后以流域生态补偿为横向转移支付试点政策，全面探索以各类生态要素为补偿标的物的横向转移支付。基于重点生态功能区转移支付是全国范围内持续时间最久、覆盖范围最广的政策现实，结合统计数据分析，从政策目标和标准、资金规模、分配范围等方面总结政策基本功能和现实特征，发现现有的生态转移支付政策具有明显的收入调节特征、保障基本公共服务特征以及统筹生态与经济协同发展的特征。

Chapter 4

第4章 生态转移支付的资源配置效应分析

4.1 生态转移支付与资源配置效应

生态转移支付的资源配置效应是指政府通过财政支出，调整和引导现有经济资源的流向，以实现资源的优化配置，配置范围包括教育、医疗、社会保障、基础设施以及生态绿化等各类公共服务。提升地方政府基本公共服务保障能力是生态转移支付政策的主要目标之一，基本公共服务关乎民生，连接民心。国家“十四五”规划提出，加快补齐基本公共服务短板，努力提升基本公共服务质量和水平。当前基本公共服务短板在县域，不少县城的教育、医疗等公共服务供给不足、质量不高，与居民日益增长的美好生活需要存在差距。实践证明，科学合理的财税机制对提升县域基本公共服务水平具有重大意义，而生态转移支付是推进基本公共服务均等化的重要手段。生态转移支付基于财政收支平衡的自动稳定器功能，能够缓解环境脆弱区地方政府财力不足的问题，通过中央政府生态财政资金的拨付，保障县域经济发展水平较低或环境保护支出成本较高的地方政府拥有为本地居民提供与其他地区相同公共服务的能力。

重点生态功能区是中国良好生态环境的保障区，同时也是资源较丰富、经济欠发达、人口集中分布区。生态功能保护区的发展需要把生态保护、生态建设与地方社会经济发展、群众基本生活保障提高有机融合。但是，在发展的过程中，生态红线的划定和开发强度的严格控制导致生态功能区财源受限、财力不足。由此带来的地方财政收支缺口亟须补足。然而，随着经济社会的迅速发展，社会结构也发生了剧烈变化，由此带来的基本公共服务供给存在的局部不充分和结构不均衡之间的矛盾日益凸显，并突出表现为区域之间基本公共服务的资源配置和服务水平存在较大差异，流动人口和困难群众尚未实现基本公共服务全覆盖等问题（姜晓萍等，2022）。重点生态功能区往往伴随生态系统有所退化，基本公共服务水平较低的区域特征，极易陷入“生态环境恶化—贫困”的恶性循环。现有研究表明，均衡性转移支付制度是推进基本公共服务均等化的重要制度安排，中央通过均衡性转移支付分配资金，缩小地方政府提供基本公共服务的财力差异，保障基本公共服务均等化目标实现（范子英，2020）。作为一项极具战略意义的均衡性转移支付，生态转移支付能否提高重点生态功能区基本公共服务水平，促进基本公共服务均等化，是当前迫切需要验证的重要问题。

4.2 生态转移支付影响基本公共服务供给的作用机理

4.2.1 生态转移支付与基本公共服务供给

生态资源丰裕地区由于开发受限，相关基础设施等基本公共服务可能出现供给不足的现象。又因为基本公共服务本身就是具有正外部性的公共产品，仅由市场负责提供，必然面临供给小于需求的状况。生态转移支付作为科学合理的转移支付制度能够在一定程度上纠正公共产品的外部性。一方面，生态转移支付对生态资源丰裕但经济发展较为落后的地区赋予较高的转移支付权重，这种自动调整机制促进地区间财力横向均衡，有利于公共资源的合理配置。另一方面，生态转移支付的监督考评机制严格监管地方政府财政资金的使用，约束地方政府财政支出方向。重点生态功能区转移支付办法明确提出，收到生态转移支付资金的地方政府，要将转移支付资金重点用于生态环境保护领域、重点用于改善民生的基本公共服务领域，并将学龄儿童净入学率、每万人口医院床位数等纳入基本公共服务考核指标体系。严格的考核机制约束了地方政府生态转移支付资金的使用投向，必然加大基本公共服务领域的资金投入。据此，提出假设4－1：生态转移支付能够提高基本公共服务供给。

转移支付的效应具有区域异质性（储德银等，2019；吕炜等，2020）。首先，经济是财政的基础，各地区的财政能力相差悬殊。而边际效用递减规律表明，一定时期内，随着生态转移支付资金不断增加，每一单位生态转移支付对财力较弱地区的基本公共服务提升效应比对财力较强地区的基本公共服务提升效应更显著。其次，伴随着生态环境退化与经济贫困恶化相伴相生，生态脆弱区、重点生态功能区与贫困区在地理空间上高度重叠，重点生态功能区转移支付缓解当地经济发展压力，促进基本公共服务供给在贫困地区与非贫困地区间存在显著差异。同时，值得注意的是，随着中国城市群战略的演进，城市群内部之间资源聚集，拥有转移支付和基本公共服务获得均等化等领域的制度改革优先权，在发挥生态转移支付的资金作用上与非城市群地区可能也会存在差异。据此，提出假设4－1a：与东中部相比，生态转移支付对西部地区基本公共服务水平的提升更为显著；假设4－1b：与非贫困地区相比，生态转移支付对贫困地区基本公共服务的提升作用更为显著；假设4－1c：与非城市群区域相比，生态转移支付对城市群基本公共服务水平的提升更为显著。

4.2.2 生态转移支付、财政失衡与基本公共服务供给

按照主体功能区划分，重点生态功能区占全国陆地国土面积的40.2%，具有重要的战略地位（徐洁等，2019）。然而，重点生态功能区往往伴随生态系统退化的现象，需要对大规模、高强度的工业化和城镇化发展加以限制，又必须承担保护和修复生态环境、提供生态产品的重要任务，因而形成地方政府财源受限、财力不足且支出缺口较大的困境。在我国分税制改革以来形成的“权责下放、财源上提”的财政分权体制改革背景下，中央政府由于承担收入分配、经济稳定和资源配置等重要职能，集中了大部分的财权和相应的财力。而地方政府由于更了解重点生态功能区居民的偏好，承担着地方公共产品和服务的供给，即产生了生态环境领域的纵向财政失衡。

生态转移支付能从以下两个方面弥补财政失衡，提高基本公共服务水平。首先，国家重点生态功能区转移支付是由中央财政在均衡性转移支付项下设立的，能够缓解地方政府财政压力，激励地方政府提供更高水平的基本公共服务。重点生态功能区由于限制工业化城镇化发展，财力相对较弱。生态转移支付可以有效克服地方政府财力不足的问题，激励地方政府优化财政支出结构，提高财政资金的使用效益。其次，以标准财政收支缺口为补助依据的生态转移支付政策，能够自动弱化财政能力较强的县域，弥补财政能力较弱的地区，使各地方政府保持相当的财力以进一步提升基本公共服务供给。因此，提出假设4－2：生态转移支付通过缓解财政失衡进而提高基本公共服务供给。

4.2.3 生态转移支付促进基本公共服务均等化

地区间平衡的财政平等观认为，转移支付旨在缩小不同区域地方政府财政能力的差异，推动区域基本公共服务均等化（董艳玲，2022）。现行中央对地方重点生态功能区转移支付测算具有内在的“自动补偿”机制。在其他条件不变的情况下，地方政府因为生态保护和环境治理等项目形成的财政减收增支，使得财政标准收支缺口会自动放大，地方政府享受的转移支付规模也会相应增加，进而形成对这些地区的生态保护成本的自动补偿机制。这种自动补偿机制能够改善各地方政府财政收支差异，使地方政府拥有能够提供大致均等的基本公共服务保障的能力。此外，当前的生态转移支付资金由中央政府分配给各省（市）等地方政府，再由省（市）级政府财政根据自身实际情况去分配落实。当省一级财政在生态转移支付方面有了一定的自主权，就会充当“大家长”的角色，设计出相对公平的生态转移支付资金分配方案，以期实现省域内基本公共服务均等化的目标。因此，提出假设 4 - 3：生态转移支付能进一步促进省域内基本公共服务均等化。

图 4.1 综合展示了生态转移支付通过改善财政失衡提高基本公共服务供给，并基于其内在的“自动补偿机制”促进基本公共服务均等化的作用机理。

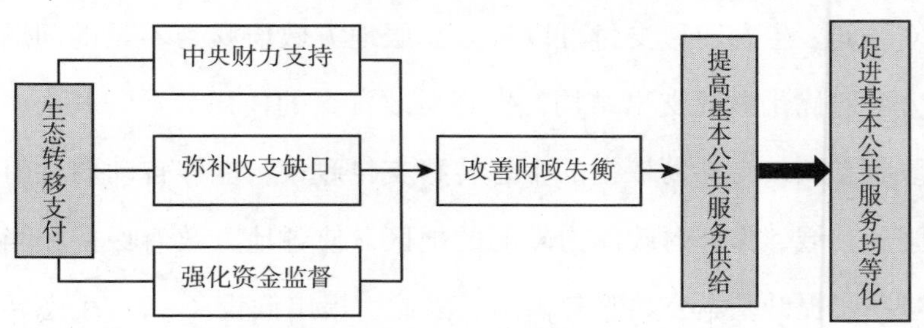

图 4.1　生态转移支付促进基本公共服务及均等化的作用机理

4.3 实证策略

4.3.1　变量选取与指标构建

根据前文理论分析及相关文献研究，本部分选取如下变量。

1. 被解释变量

被解释变量为县域基本公共服务水平。由于基本公共服务具有动态性和综合性，通常由包含多维变量的指标体系来衡量。而现有研究多使用熵值法合成指标计算省级或市级基本公共服务水平（张美竹，2021；乔宝云等，2022）。因此，本部分基于前人研究，借鉴吕光明等（2022）的指标体系，围绕义务教育、医疗卫生、社会保障、基础设施和生态绿化五个方面构建县域基本公共服务二级指标。其中，义务教育水平用小学在校学生数和普通中学在校学生数来衡量；医疗卫生水平用每千人医疗卫生机构床位数和人均日生活用水量衡量；社会保障用每千人各种社会福利收养性单位数和单位床位数衡量；基础设施水平用县城燃气普及率、建成区排水管道密度、县城人均公园绿地面积和每千人固定电话用户数衡量；生态绿化水平用建成区绿地率、建成区绿化覆盖率、县城生活垃圾处理率和县城污水处理率衡量，具体指标如表4.1所示。

表4.1　　　　县域基本公共服务指标体系构建

一级指标	二级指标	三级指标
基本公共服务	义务教育	小学在校学生（千人）
		普通中学在校学生（千人）

续表

一级指标	二级指标	三级指标
基本公共服务	医疗卫生	每千人医疗卫生机构床位数（床/千人）
		人均日生活用水量（升）
	社会保障	每千人各种社会福利收养性单位数（个）
		每千人各种社会福利收养性单位床位数（床）
	基础设施	县城燃气普及率（%）
		建成区排水管道密度（公里/平方公里）
		县城人均公园绿地面积（平方米）
		每千人固定电话用户数（户）
	生态绿化	建成区绿地率（%）
		建成区绿化覆盖率（%）
		县城生活垃圾处理率（%）
		县城污水处理率（%）

在进一步分析中，为考察生态转移支付能否缓解财政失衡，将财政失衡作为被解释变量进行回归。其中，财政失衡指标的测算借鉴储德银和迟淑娴（2018）的方法，以地方政府财政收入和支出责任的不对称缺口作为衡量财政失衡的指标，指标值越大，表明财政失衡程度越高。

2. 解释变量

核心解释变量为生态转移支付。重点生态功能区转移支付是目前为止中央对地方重点生态功能区唯一的具有直接性、持续性、集中性的资金补助（赵卫等，2019）。2011 年，国家为了提高位于重点生态功能区的地方政府所具有的基本公共服务保障能力，促进经济社会的进一步发展，中央财政选择在均衡性转移支付的项目下，设立国家重点生态功能区转移支付，并重点评估享受该项转移支付的市县公共服务的状况。2015～2019 年，享受该转移支付的县域（不考虑区）数量分别为 462 个、617 个、720 个、

720个、720个。[①] 本部分将收到生态转移支付的县域赋值为1，未收到生态转移支付的县域赋值为0，从时间和地区两个层面构建双重差分变量。

3. 控制变量

影响基本公共服务水平的因素众多，为避免遗漏变量带来的偏误，本部分从经济、金融、财政和行政区域四个角度分别选取若干变量作为控制变量。经济方面，从区域、企业和个人三个维度分别选取地区生产总值、规上企业个数和农村人均可支配收入控制经济因素的影响；金融方面，分别从银行和个人两个维度选取年末各项贷款余额和住户储蓄存款余额变量控制金融因素的影响；财政方面，控制了财政收入和财政支出等财政因素的影响；行政区域方面，控制了乡镇个数和行政区域土地面积的影响。

4.3.2　数据来源与指标测度

1. 数据来源

鉴于数据的完整性，尤其是县域数据，本部分将样本考察期定为2015～2019年，考察范围为725个县。县域数据均来自2016～2020年的《中国县域统计年鉴》和《中国城乡建设统计年鉴》。此外，生态转移支付县域名单来自《中华人民共和国财政部》依申请公开数据，并对数据进行手动整理，保证了数据的真实有效性。

2. 指标测度

对于被解释变量，本部分采用熵值法计算样本县基本公共服务水平。

① 资料来源：财政部依申请公开数据。

同时，熵值法根据各项指标值的变异程度来确定指标权数，是一种客观赋权法，避免了人为因素带来的偏差。计算步骤如下：

（1）构建包含725个县域样本、14个评价指标的样本矩阵：

$$X=\begin{bmatrix} x_{11} & \cdots & x_{1m} \\ \vdots & \ddots & \vdots \\ x_{n1} & \cdots & x_{nm} \end{bmatrix},(i=1,2,\cdots,m;j=1,2,\cdots,n) \tag{4.1}$$

（2）计算第j项指标下第i个方案占该指标的比重：

$$P_{ij}=\frac{X_{ij}}{\sum_{i=1}^{m} X_{ij}},(i=1,2,\cdots,m;j=1,2,\cdots,n) \tag{4.2}$$

其中，X_{ij}是第i个县第j项指标的向量数据，m最大值为725，n最大值为14。

（3）计算第j项指标的熵值：

$$e_j=-k\times\sum_{j=1}^{n} P_{ij}\ln(P_{ij}),(i=1,2,\cdots,m;j=1,2,\cdots,n) \tag{4.3}$$

其中，k与样本量有关，令k=1/lnm，则e的取值范围是[0,1]。

（4）计算第j项指标的差异系数：

$$g_j=1-e_j \tag{4.4}$$

（5）求权重：

$$W_j=\frac{g_j}{\sum_{j=1}^{n} g_j},(j=1,2,\cdots,n) \tag{4.5}$$

（6）计算各方案的综合得分：

$$S_i=\sum_{j=1}^{n} W_j\times X_{ij},(i=1,2,\cdots,m;j=1,2,\cdots,n) \tag{4.6}$$

在稳健性检验中，本部分还采用主成分分析法再次衡量各县基本公共服务水平以替换被解释变量。主成分分析法是基于科学的数学变换，将新变量变为原来变量的线性组合，再选取少数在变差总信息量中比例较大的主成分来分析指标变量的一种方法。

3. 主要变量描述性统计

为了降低模型的异方差影响，并保证回归的经济学含义，本部分对相关控制变量均做了对数化处理。变量的描述性统计如表 4.2 所示。其中，Panel A 是以县域为单位的样本变量特征。从被解释变量基本公共服务水平看，医疗卫生水平高于其他领域的公共服务水平，其次是基础设施和生态绿化水平。义务教育领域各地区差距最明显。从核心解释变量看，共有 1345 个样本接受了中央财政的生态转移支付，占总样本量的 37.1%。Panel B 是以省域为单位的样本变量特征，旨在测度生态财政转移支付对基本公共服务均等化的效果。

表 4.2　　变量的描述性统计

Panel A：	县域样本					
变量名称	观测值	均值	标准差	最小值	中值	最大值
基本公共服务	3625	0.1842	0.0513	0.0545	0.1799	0.5130
生态转移支付县域	3625	0.3713	0.4832	0	0	1.0000
财政失衡	3236	0.8805	0.3608	-17.6647	0.9394	0.9990
地区生产总值（对数）	3585	13.8840	0.7920	10.7157	13.9333	16.6888
规上企业个数（对数）	3544	3.8588	1.1279	0	3.9703	6.6657
农村人均可支配收入（对数）	3625	9.3820	0.1336	9.1953	9.3828	9.5719
年末各项贷款余额（对数）	3564	13.4318	0.7819	10.5115	13.4597	16.0816
住户储蓄存款余额（对数）	3561	13.6191	0.7914	10.3517	13.6621	15.5438
财政收入（对数）	3549	11.0116	0.9114	7.9502	11.0516	14.0590
财政支出（对数）	3565	12.5369	0.4951	8.5789	12.5351	14.5184
乡镇个数（对数）	3565	1.6514	0.7676	0	1.7918	3.7377
行政区域面积（对数）	3565	7.6956	0.8411	5.4027	7.6454	12.2175

续表

Panel B:	省域样本					
变量名称	观测值	均值	标准差	最小值	中值	最大值
基本公共服务均等化水平	125	0.1050	0.0360	0.0041	0.1036	0.2018
生态转移支付资金	125	24.1956	14.0000	0.6800	23.9300	63.3100
地区生产总值（对数）	125	9.9946	0.8354	7.7903	9.9635	11.5868
农村家庭人均消费支出（对数）	125	9.2754	0.2367	8.8016	9.2450	9.9689
总人口（对数）	125	8.3509	0.6801	6.3775	8.4386	9.3519
教育（对数）	125	0.4285	1.3682	-2.0699	0.1802	3.6880
就业（对数）	125	5.6645	0.7173	3.7817	5.6899	7.0615
公路里程（对数）	125	12.0057	0.4772	10.1984	12.0747	12.7281
重点生态功能区个数（对数）	125	3.2311	0.6145	1.7918	3.4012	4.0254
财政收入（对数）	125	7.7139	0.7893	5.4744	7.7174	9.4455
财政支出（对数）	125	8.5732	0.5179	7.1224	8.5366	9.7593
财政转移支付（对数）	125	7.6669	0.4303	6.2867	7.7951	8.4797

4.3.3 方法选择

为实证检验生态转移支付与基本公共服务的关系，根据以上理论分析，本部分构建如下双重差分模型：

$$service_{it} = \alpha_0 + \alpha_1 \, eco\_transfer_{it} + \sum_{n=2}^{j} \alpha_n \, controls_{it} + \gamma_i + \delta_t + \varepsilon_{it} \tag{4.7}$$

其中，i 为县域变量，t 为年份变量；被解释变量$service_{it}$表示 i 县在第 t 年的基本公共服务水平，取值在 0~1 之间；解释变量$eco_transfer_{it}$为双重差分项，当 i 县在第 t 年获得生态转移支付时，eco_transfer 取值为 1，当 i 县在第 t 年未获得生态转移支付时，eco_transfer 取值为 0；控制变量$controls_{it}$表示与基本公共服务水平相关的一系列县域变量；γ_i 表示控制县域固定效应；δ_t 表示控制时间固定效应；ε_{it} 为模型的随机误差项；α_1 及 α_n 等表示变量系数；α_0 为截距项。

进一步地，为了验证生态转移支付、财政失衡与基本公共服务供给之间的关系，在式（4.7）的基础上，构建如下模型：

$$vfi_{it} = \beta_0 + \beta_1\ eco\_transfer_{it} + \sum_{n=2}^{j} \beta_n controls_{it} + \gamma_i + \delta_t + \theta_{it} \quad (4.8)$$

式（4.8）主要为了检验生态转移支付对财政失衡（vfi）的影响，若 β_1 显著大于0，表明生态转移支付加剧了财政失衡，若β_1 显著小于0，则表明生态转移支付能够缓解财政失衡，式中其他变量与式（4.7）变量含义保持一致。

同时，为了验证生态转移支付的基本公共服务均等化效应，基于省级数据构建如下双向固定效应模型：

$$equalization_{it} = \gamma_0 + \gamma_1 ecotransfer_{it} + \sum_{m=1}^{k} \gamma_m\ controls_{it} + \mu_i + \sigma_t + \varepsilon_{it} \quad (4.9)$$

此时，式（4.9）中的 i 为省域变量，t 仍旧为年份变量；被解释变量$equalization_{it}$表示 i 省在第 t 年的基本公共服务均等化水平；解释变量$ecotransfer_{it}$为 i 省在第 t 年获得的转移支付资金（做对数处理）；控制变量$controls_{it}$表示与基本公共服务均等化相关的一系列省域变量；μ_i 和 σ_t 分别表示省域和时间固定效应；ϵ_{it}为随机误差项；γ_1 及γ_m等为变量系数；γ_0 为截距项。由于被解释变量属于受限因变量，取值在[0,1]范围内，本部分采取面板 Tobit 模型。同时，考虑到模型中可能存在随时间变化和县域之间的差异，需要进行 Hausman 检验。检验结果（$p=0.00$）表明确实存在时间和个体效应带来的偏误。借鉴奥诺雷（Honore，1992，2000）对截断数据进行固定效应的估计方法，本部分利用面板 Tobit 的双向固定效应模型，实证检验生态转移支付对省域基本公共服务均等化的影响。

4.4 实证结果

4.4.1 基准回归分析

基准回归表4.3中列（1）报告结果显示，生态转移支付显著抑制了该地区基本公共服务水平，这一结果并未控制其他重要变量。考虑其他影响区域基本公共服务水平的重要因素，表列（2）~列（5）依次加入了经济相关变量、金融相关变量、财政相关变量和行政区域相关变量。结果表明，在加入一系列控制变量后，生态转移支付在1%的水平上显著提升了县域基本公共服务水平，即假设4－1得到有效验证。具体来看，收到生态转移支付资金的县域其基本公共服务水平比未收到相应财政资金的县域高出约0.77%。从控制变量来看，规上企业数量越多，该地区基本公共服务水平越高，这表明大型企业的建立能够有效起到辐射带动作用，进而提高整个区域的发展。住户储蓄存款余额越多、区域财政收支越高、乡镇越大，其相应基本公共服务水平越高。

表4.3　基准回归：生态转移支付与基本公共服务

变量	基本公共服务供给				
	(1)	(2)	(3)	(4)	(5)
生态转移支付	－0.0187 *** (0.0019)	0.0079 *** (0.0020)	0.0089 *** (0.0020)	0.0076 *** (0.0021)	0.0077 *** (0.0022)
地区生产总值		0.0197 *** (0.0024)	0.0066 ** (0.0027)	－0.0018 (0.0032)	－0.0013 (0.0033)
规上企业个数		0.0189 *** (0.0014)	0.0167 *** (0.0014)	0.0177 *** (0.0015)	0.0175 *** (0.0015)

续表

变量	基本公共服务供给				
	(1)	(2)	(3)	(4)	(5)
农村人均可支配收入		-0.0105*** (0.0039)	-0.0083** (0.0040)	-0.0047 (0.0041)	-0.0033 (0.0042)
年末各项贷款余额			0.0016 (0.0025)	-0.0047* (0.0028)	-0.0042 (0.0028)
住户储蓄存款余额			0.0184*** (0.0025)	0.0168*** (0.0025)	0.0152*** (0.0028)
财政收入				0.0057** (0.0022)	0.0055** (0.0022)
财政支出				0.0150*** (0.0033)	0.0154*** (0.0034)
乡镇个数					0.0024* (0.0013)
行政区域面积					-0.0015 (0.0017)
县 & 年	是	是	是	是	是
观测值	3504	2753	2752	2751	2751

注：括号内为聚类稳健标准误，*、**、*** 分别对应 10%、5%、1% 的显著性水平。

4.4.2　稳健性检验

1. 平行趋势检验

基准回归结果表明生态转移支付会显著提升县域基本公共服务水平。但是，这一结果可能在转移支付政策实施之前就存在。由于本部分设置生态转移支付这一核心解释变量是双重差分量，内涵了收到生态转移支付的县域为处理组，未收到生态转移支付的县域为控制组，故本部分引入平行趋势检验，验证处理组与控制组的目标变量在生态转移支付政策实施前后是否满足平行趋势假设。在前文的基准回归模型中，平行趋势假定是指收到生态转移支付县与未收到生态转移支付县的基本公共服务水平在时间趋势上保持一致。而生态转移支付政策实施以后，收到转移支付的县域其基本公共服务水平显著高于未收到的县域。本部分以各地区在样本期间内首次收到生态转移支付的前一年（若在样本期前就收到生态转移支付，则将 2015 年作为基期年）作为基期，考察样本前两期和后四期各县域基本公共服务水平的时间趋势，检验结果如图 4. 2 所示。

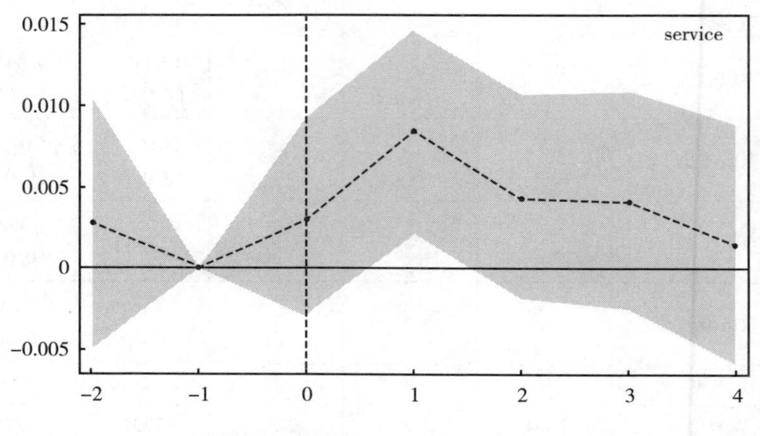

图 4. 2　稳健性检验：平行趋势检验

图 4. 2 中，横轴为县域收到生态转移支付的相对时间，纵轴为每一时点政策虚拟变量的回归系数，垂直虚线表示政策实施当期。图 4. 2 展示了生态转移支付对基本公共服务水平在各个时点的显著情况。从基本公共服务整体情况来看，在生态转移支付政策实施之前，差分量的系数在 0 附近波动，即收到生态转移支付的县与未收到生态转移支付的县其基本公共服务水平不存在显著差异，符合平行趋势假定。在收到生态转移支付后的第一年，基本公共服务水平呈现显著上升趋势，收到生态转移支付的县，其基本公共服务水平显著高于未收到生态转移支付的县。这表明生态转移支付提升县域基本公共服务水平的基准回归结果满足平行趋势假定。

2. 安慰剂检验

基准回归和平行趋势检验等都证明了生态转移支付能够提升受补助县域基本公共服务水平。然而，这种处理组和控制组的差异可能是由其他不可观测的因素引起的。因此，本部分使用安慰剂检验证实生态转移支付政策的实施效果是否具有偶然性。借鉴周茂等（2018）的思路，找到理论上不会对结果变量产生影响的“伪政策虚拟变量”替代真实的政策虚拟变量，利用模型（4.7）再次进行实证分析。同时，为了解决样本随机性不足等问题，采用 Bootstrap 再抽样 500 次进行安慰剂检验，结果如图 4.3 所示。

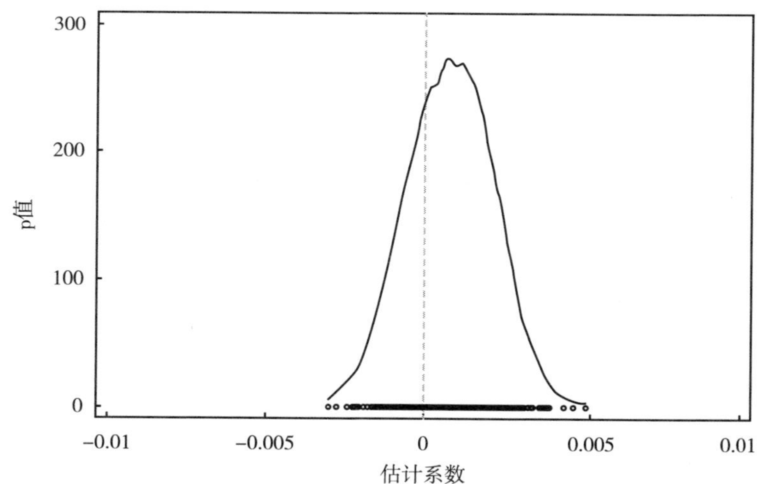

图 4.3　稳健性检验：安慰剂检验

图 4.3 展示了“伪政策虚拟变量”估计系数的核密度分布，其中横轴是估计系数，纵轴是估计系数的核密度分布，左侧垂直线是 0 值线，右侧垂直线是真实值。可以看出，“伪政策虚拟变量”的估计系数分布在零值偏右，服从正态分布，符合安慰剂检验的预期。具体来看，与真实值（0.00768）相比，在随机抽样的情况下，估计值的绝对值大于真实值

的事件是不可能事件。这表明基准回归的估计结果并非偶然得到的，因而不太可能受到其他因素的影响。

3. 剔除其他政策影响

生态转移支付对基本公共服务的影响过程可能还受到其他政策因素干扰，导致生态转移支付政策的净效应存在偏误。本部分梳理可能影响基本公共服务的其他政策事件：2016 年农业农村大数据试点政策，试点省份包括天津市、上海市、江苏省、安徽省、江西省、山东省、湖南省、广东省、广西壮族自治区、重庆市、四川省、贵州省、云南省、青海省和新疆维吾尔自治区①；2018 年国务院印发乡村振兴战略规划②；2019 年开展国家城乡融合发展试验区工作，试验区包括吉林省、江苏省、浙江省、福建省、江西省、山东省、河南省、广东省、重庆市、四川省、陕西省③。其中，大数据以准确、高效等特征推动基本公共服务供给，提高基本公共服务水平；乡村振兴战略更是把基本公共服务摆在突出位置；城乡融合发展战略为推动城乡基本公共服务均等化提供体制机制支撑。

为剔除上述政策的影响，本部分构建是否为农业农村大数据试点区域、是否处于乡村振兴战略期间、是否被列为城乡融合发展试验区 3 个虚拟变量，若该试点区域处于政策试点期，虚拟变量赋值为 1，否则为 0。分别逐次将虚拟变量加入基础回归验证，结果如表 4.4 所示。随着政策变量的加入，双重差分项的估计系数始终显著为正。这表明生态转移支付的政策效应没有受到上述政策的显著影响，基准回归的结果具有稳健性。

---

① 农业部办公厅关于印发《农业农村大数据试点方案》的通知［EB/OL］. 中华人民共和国农业农村部，2016 - 10 - 18.

② 中共中央、国务院印发《乡村振兴战略规划（2018 - 2022 年）》［EB/OL］. 中华人民共和国中央人民政府，2018 - 09 - 26.

③ 关于开展《国家城乡融合发展试验区》工作的通知［EB/OL］. 中华人民共和国国家发展和改革委员会，2019 - 12 - 27.

表 4.4　　　　稳健性检验：剔除其他政策影响

变量	基本公共服务		
	(1)	(2)	(3)
生态转移支付	0.00444 ** (0.00176)	0.00442 ** (0.00177)	0.00448 ** (0.00177)
大数据建设	0.0161 *** (0.00176)	0.0160 *** (0.00179)	0.0163 *** (0.00176)
乡村振兴战略		-0.000907 (0.00298)	-0.000832 (0.00299)
城乡融合发展			0.00898 ** (0.00359)
控制变量	是	是	是
县 & 年	是	是	是
观测值	3504	3504	3504

注：括号内为聚类稳健标准误，** 、*** 分别对应5%、1%的显著性水平。

4. 替换被解释变量

为进一步验证研究结果的稳健性，一方面，借鉴武力超等（2014）、莫龙炯等（2022）的研究，利用主成分分析法对指标体系的数据进行降维，重新计算各县域基本公共服务的得分，替换式（4.7）中的被解释变量。另一方面，为避免离群值对基准回归造成重大影响，将所有控制变量中小于其2.5百分位和大于其97.5百分位的数值替换为2.5百分位数值和97.5百分位数值，再次代入式（4.7）进行回归，结果如表4.5所示。

表 4.5　　　　稳健性检验：替换被解释变量和缩尾处理

变量	主成分分析		缩尾处理	
	(1)	(2)	(3)	(4)
生态转移支付	0.0923 *** (0.0345)	0.0888 ** (0.0346)	0.0824 ** (0.0360)	0.0062 *** (0.0019)
常数项	2.0230 *** (0.0135)	-5.2410 * (2.8310)	-4.9820 (3.0980)	

续表

变量	主成分分析		缩尾处理	
	(1)	(2)	(3)	(4)
控制变量	否	是	是	是
县 & 年	是	是	是	是
观测值	3625	3504	3179	3179
县域数量	725	709	663	663

注：括号内为聚类稳健标准误，*、**、*** 分别对应 10%、5%、1% 的显著性水平。

表 4.5 中，列（1）和列（2）是利用主成分分析法计算的基本公共服务水平。其中列（1）未加入控制变量，列（2）在列（1）的基础上加入了经济、金融、财政及行政区域控制。结果表明，收到生态转移支付的县域其基本公共服务保障水平确实会得到提升。但同时，这种提升也会受其他控制变量的影响。具体表现为，虽然结果都非常显著，但加入控制变量后，生态转移支付的系数从 0.0923 减小到 0.0888，这也证明控制变量的选取是有效的。此外，列（3）和列（4）的结果表明，即使剔除离群值的影响，基准回归的结果依然稳健。

4.4.3 异质性分析

1. 财力发展区域差异

边际效用递减规律证明，向财政资源不足地区转移财力增加公共品供给，所产生的效用大于投向财力充裕地区。现有研究表明，我国基本公共服务供给水平在地区间呈现不均衡状态，东部地区整体上比中西部地区享有更多的基本公共服务资源，尤其是关注较高的基础教育、公共卫生和社会保障（韩增林等，2015；杨晓军等，2020）。也有研究认为由发达地区、落后地区与中央政府利益博弈所产生的转移支付政策具有

“逆向”调节功能（官永彬，2012），即转移支付政策未能有效发挥平衡地区之间财力差距的作用。为进一步考察生态转移支付是否具有调节基本公共服务的区域差异功能，本部分将样本按照东部、中部和西部分为三个区域，分样本进行回归，结果如表4.6的列（1）~列（3）所示。

总的来看，与传统的一般性转移支付不同，现有的生态转移支付政策显著提升了西部地区的基本公共服务水平，尤其是义务教育水平和社会保障水平。这是因为，按照标准财政收支缺口并考虑补助系数测算的生态转移支付政策，能够有效调节县级政府的财政能力，较好提高财政能力较弱地区（西部）的基本公共服务水平。而基础设施和生态绿化水平并没有表现出明显的区域差异。

2. 贫困地区区域差异

重点生态功能区生态转移支付是由中央政府动用资源帮助承担重要生态功能区的地方政府，弥补地方政府为保护生态环境而丧失的发展经济的成本，并试图保障这些财政资源不足的地方政府具有为本地居民提供与其他地区相同的公共服务的能力。根据调查研究发现（李国平等，2018），贫困地区往往处于全国重要生态功能区，生态保护与经济发展的矛盾比较突出。那么重点生态功能区生态转移支付保障提升基本公共服务水平是否在贫困地区之间存在差异值得探讨。本部分根据2014年国家乡村振兴局信息公开目录公布的832个贫困县名单，将样本分为贫困县和非贫困县两个子样本，结果如表4.6的列（4）所示。结果表明，生态转移支付提升了贫困地区的基本公共服务水平，其中，医疗卫生和社会保障水平提升效果显著。这进一步证明，生态转移支付对贫困地区的政策倾斜，有效缓解了贫困区域的经济社会发展压力。

3. 城市群区域差异

2021年《"十四五"公共服务规划》中明确提出，健全城市群公共服务便利共享制度安排和成本共担、利益共享机制，推动京津冀、长三角、粤港澳大湾区和成渝等主要城市群率先实现基本公共服务常住人口全覆盖。这表明城市群具有较好的公共服务基础。然而，政府的行政边界对城市群基本公共服务的发展提出了更高的要求。鉴于此，依据2018年《中共中央国务院关于建立更加有效的区域协调发展新机制的意见》中主要涉及的七个由国家中心城市带动的城市群，本部分将样本分为京津冀、长三角、粤港澳大湾区、成渝、长江中游、中原和关中平原城市群地区和非城市群地区。表4.6中列（5）的结果表明，生态转移支付并未显著促进城市群基本公共服务发展，只有社会保障水平得到提升。而从社会保障水平来看，生态转移支付对社会保障水平的提升不存在异质性，因此，推动城市群基本公共服务发展，进而实现基本公共服务一体化，还需要其他的政策创新。

表4.6　异质性分析：财力发展、贫困地区和城市群

变量	东部区域 (1)	中部区域 (2)	西部区域 (3)	贫困县区域 (4)	城市群区域 (5)
生态转移支付	-0.0002 (0.0062)	0.0084 (0.0065)	0.0126** (0.0060)	0.0152** (0.0067)	-0.0015 (0.0064)
控制变量	是	是	是	是	是
县 & 年	是	是	是	是	是
观测值	829	1044	1631	1584	1308

注：括号内为聚类稳健标准误，** 对应5%的显著性水平。

4.4.4　进一步分析

1. 财政失衡的机制检验

财政失衡引起基本公共服务供给不足的经验证据已被一些学者证实

（李兴文等，2021；张嘉紫煜等，2022）。财政失衡理论认为，各地方政府由于自然资源禀赋和经济发展程度的差异，导致一些地方财政收入充足，其他地方财政拮据，而财政拮据的地区往往缺少大量的基础设施等基本公共服务供给。这种自有财力与标准支出之间的差额在各地区之间的平衡分布，很难通过地区间自发的财力转移进行调节，这便客观要求更高级别的政府通过转移支付进行改善。为进一步验证生态转移支付能否缓解财政失衡，根据式（4.8）将财政失衡、生态转移支付纳入模型进行回归，结果如表4.7列（1）所示。结果表明，生态转移支付对财政失衡有显著的负向抑制作用，即生态转移支付能够有效改善财政失衡。结合财政失衡造成基本公共服务供给不足的经验结论，本部分认为生态转移支付能够缓解财政失衡，进而提高基本公共服务供给，假设4－2得到有效验证。

表4.7　进一步分析：财政失衡的机制检验及省域内均等化效应分析

变量	财政失衡	基本公共服务均等化	
	（1）	（2）	（3）
生态转移支付	－0.0327*** （0.00948）	－0.0007 （0.0005）	－0.0015*** （0.0005）
控制变量	是	否	是
县（省）& 年	是	是	是
样本量	3236	125	125

注：括号内为聚类稳健标准误，*** 对应1%的显著性水平。

2. 基本公共服务均等化效应

重点生态功能区转移支付是中央财政对地方政府的一项均衡性转移支付，转移支付办法中提出，中央财政将转移支付资金分配下达到省级财政部门后，不规定具体用途，由相关省份根据本地区实际情况统筹安排使用。如此，将生态转移支付资金由省统筹，赋予了省以下地方政府财政激励和政治激励，共同驱使地方政府为推进本地区发展而展开激烈的转移支付竞争。由于各地方政府发展目标的差异性，导致公共支出偏好存在差异性，进而导致区域内基本公共服务供给水平的差异化。因此，本部分进一步探索生态转移支付对区域内各地区基本公共服务均等化所产生的影响。

具体地，根据式（4.9），并借鉴达古姆（Dagum，1997）的基尼系数分解方法，我们将县域样本按照省分为25个组，计算每个省域内基本公共服务差异化水平，即组内基尼系数。此时，每个省的基尼系数表示省域内基本公共服务的均等化水平，组内基尼系数越大，则差异越大，均等化水平就越低。反之，组内基尼系数越小，差异就越小，均等化水平就越高。

式（4.9）的回归结果如表4.7列（2）~列（3）所示。可以看出，不加控制变量时，生态转移支付缩小了省域内基本公共服务差异，提升了基本公共服务均等化水平，但这一结果并不显著。考虑到影响公共服务供给的因素众多，本部分同时控制了省级层面的经济发展状况、农村家庭人均消费支出、人口、教育、就业、公路里程、重点生态功能区数量、财政收入、财政支出和财政转移支付等一系列变量。第一列结果表明，生态转移支付每增加1亿元，省域内基本公共服务供给差距显著缩小0.15个百分点。

4.5 本章小结

本章利用2015~2019年725个县的面板数据，采用熵值法和主成分分析法，从义务教育、医疗卫生、社会保障、基础设施和生态绿化五个方面，计算县域基本公共服务水平。再根据重点生态功能区转移支付名单构建双重差分变量，实证检验生态转移支付政策能否提升县域基本公共服务水平、生态转移支付能否通过改善财政失衡进而提高基本公共服务供给。进一步，利用 Dagum 基尼系数及其分解方法将县域基本公共服务水平按照省域划分，衡量省域内基本公共服务均等化程度，考察生态转移支付能否促进基本公共服务均等化。主要结论如下：

（1）生态转移支付显著提高重点生态功能区所在地政府基本公共服务保障能力。在控制了一系列变量后，收到生态转移支付的县比未收到生态转移支付的县，其基本公共服务水平高了约 0.77 个百分点，这一结果经过平行趋势检验、安慰剂检验和替换被解释变量等一系列稳健性检验后依然显著。

（2）生态转移支付对县域基本公共服务的提升效果具有异质性。从财力发展水平来看，生态转移支付显著提升西部财力较弱地区的基本公共服务水平。从经济发展水平来看，生态转移支付具有“亲贫性”，能够较大程度改善贫困地区基本公共服务供给。从城市群来看，生态转移支付不能为主要城市群率先实现基本公共服务常住人口全覆盖提供显著贡献。

（3）生态转移支付显著改善财政失衡，并促进省域内基本公共服务均等化水平。将县域基本公共服务水平归集到省域基本公共服务均等化水平后，再控制一系列省级层面的控制变量，结果表明，生态转移支付资金的加持能够显著缩小省域内基本公共服务差距，进而促进省域内基本公共服务均等化水平。其中，社会保障均等化水平效果较为显著。

Chapter 5

第5章 生态转移支付的收入分配效应分析

5.1 生态转移支付与收入分配效应

转移支付作为基础性制度安排中的第三次分配，与税收分配、基本公共服务均等化共同作为高质量发展和共同富裕的基石。然而，在讨论生态转移支付的收入分配效应时，需要注意两点：一是生态转移支付并不提供“新资金”，而是在地方政府之间重新分配现有的公共资金；二是生态转移支付的公平效应不仅体现在转移支付资金在地方政府之间的分配上，还体现在产业之间和个人收入分配上。梅等（May et al.，2013）的案例研究表明，该地区生态转移支付资金被用于提高坚果采集和家禽养殖的生产力上。肖越等（2021）利用江西省数据实证研究，发现生态转移支付资金能够缓解地方财政增收压力，促进区域绿色农产品开发。而从对收入分配的影响来看，生态转移支付能够增加低收入群体获得教育、生存、保健和基础设施等基本需求的机会（Nascimento et al.，2011）。

党的十九届五中全会明确提出要完善再分配机制，并加大转移支付的调节力度和准确性。为有效控制收入差距不断扩大的发展趋势，实现共同富裕的发展目标，中国政府不断强化财政政策工具的收入再分配效应，其中，公共转移支付是重要抓手。公共转移支付具有较好的亲贫性，被认为拥有良好的收入再分配效应。生态转移支付作为公共转移支付的重要组成部分同样具有收入再分配功能。一方面，政府对生态功能重要地区进行资金扶持，切断“贫困—环境恶化—贫困”恶性循环链条，为实现收入分配公平创造条件；另一方面，具有“精准扶贫”性质的生态转移支付拥有较高的瞄准效率，能够带动贫困人口增收，进而提升再分配效应。基于此，本章通过定量分析，实证测度生态转移支付是否能够改善收入分配，以及在改善收入分配过程中所呈现出的特征如何，进而为改善生态转移支付政策提供实证层面的依据。

5.2 生态转移支付影响收入分配的作用机理

5.2.1 生态转移支付的增收效应

我国地域辽阔，但生态脆弱区、重点生态功能区和贫困地区在空间地理上呈现出高度重叠的特征，这对重点生态功能区转移支付的增收任务提出了内在要求。生态转移支付的增收效应体现在以下三个方面：一是资金或实物补贴。公共转移支付的瞄准效率决定了生态转移支付按照“谁保护、谁受偿”的原则，以资金或实物补贴的形式给予受偿主体，带动受偿主体增收。二是劳动力的流入。一方面，生态转移支付政策专门为建档立卡人员创造生态护林员的岗位，缓解部分特困人口的经济压力。另一方面，生态转移支付被用于试点示范和重大生态工程的建设，如国家生态文明试验区和国家公园体制试点地区的建设等。这些重大工程创造了大量劳动岗位，吸引农村劳动力流入，进而带动农民增收。三是绿色产业的发展。在生态转移支付制度框架下，持续的环保投入为地方绿色发展创造了有利的外部环境。当前的生态转移支付属于无条件的一般性转移支付（肖文海等，2019），地方政府获得转移支付资金后，其财政压力得到有效缓解，能够将财政资金投入到与环境保护互补的绿色产业发展领域，不断壮大绿色农业和特色产业等，继而提高区域内农户的收入水平。据此，提出假设5－1：生态转移支付带动农民增收促进收入分配公平。

5.2.2 生态转移支付的亲贫性

“环境—贫困”陷阱认为，当一个地区对资源过度依赖，会造成资源枯竭、生态环境恶化和疾病多发，进而导致贫困加剧。同时，贫困的进一步加剧又会造成这一地区经济社会发展更加依赖生态资源，从而使环境更加恶化。这一恶性循环的后果通常会发生在欠发达区域和较为弱势的群体间。在这种情况下，追求效率的市场经济虽然会最大限度地推动经济增长，但会急剧拉大贫富差距并产生“马太效应”。由此，有学者认为大规模的财政转移支付可以有效促进贫困地区的经济增长，在“涓滴效应”下惠及贫困人口（李丹等，2020）。而生态转移支付制度正是通过资金筹集和分配过程，在重点生态功能区和其他地区之间发挥横向收入再分配功能，在生态环境受益者和生态环境保护者之间实现纵向收入分配功能。其中，纵向收入分配实现了转移支付资金从生态环境受益者向生态环境保护者的调节分配，避免了生态环境保护者陷入贫困陷阱。因此，提出假设5－2：生态财政转移支付制度作为保障机制具有“亲贫性”，能够带动低收入群体增收。

5.2.3　生态转移支付的输血性

生态财政转移支付的输血效应是指受偿区居民直接获得经济收入的一种补偿方式，能够直接快速提高贫困人口的收入。如我国以向藏北草原牧民直接发放现金的方式推进该区域牧民转移性收入和财产性收入的增加（王曙光等，2015）。造血效应是指通过技术进步、产业转型升级或劳动生产率提升等方式间接提高农户自身的造血能力，能够长久且持续提高居民收益（娜仁等，2020）。当前，生态转移支付资金虽逐年提高，但我国生态环境保护任务繁重，又加上巩固脱贫攻坚成果的政治社会要求，仍存在资金难以保障、使用不够精准、激励作用不突出等问题（郝春旭等，2022）。据此，提出假设5－3：生态转移支付具有“输血”效应，但尚未形成造血机制。

综上所述，生态转移支付政策改善收入分配的作用机理如图5.1所示。

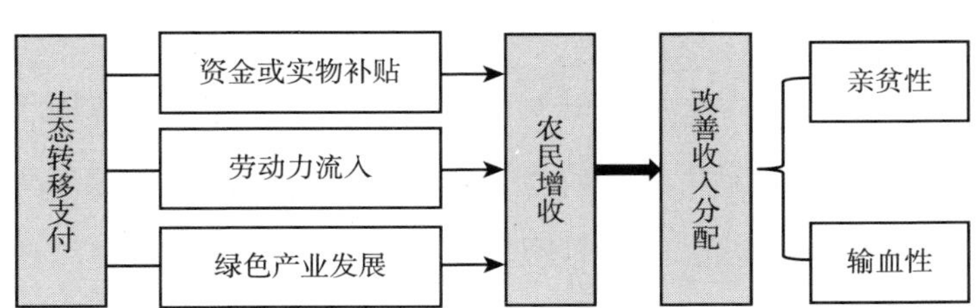

图5.1　生态转移支付改善收入分配的作用机理

5.3 实证策略

5.3.1　数据来源

为深入研究生态转移支付的收入分配效应，根据数据的科学性和可得性，本研究从宏观和微观两个层面选取研究样本。在宏观层面，选取2008～2020年中央下达给各省的国家重点生态功能区生态转移支付数据，以实证检验生态转移支付是否会改善各地区的收入分配差异；在微观层面，选取中国家庭追踪调查数据库（CFPS）中2014年、2016年、2018年的微观个体数据①，将生态转移支付的收入分配效应按照居民收入进行多维分解，以进一步探索生态转移支付对不同收入组合和不同收入类型的增收效应。

5.3.2 变量选取与测度

被解释变量是收入分配差距，本研究用泰尔指数、城乡收入差距和农村居民可支配收入衡量。其中泰尔指数借鉴王少平等（2008）的研究，分别计算城、乡收入份额与人口份额之比的自然对数，再用城乡收入份额作为权重进行加权平均得到。如此构建的泰尔指数不仅考虑城乡居民绝对收入的变化，还考虑对应的城乡人口结构的变化，更适用于在中国城乡二元经济结构背景下度量收入分配差距。泰尔指数的值越大，表明收入分配差距越大。城乡收入差距用农村居民可支配收入占城镇的比重表示，比重越大则说明城乡差距越小。为了保证结果的稳健性，研究还选取了农村家庭可支配收入单一变量作为衡量收入分配差距的替代变量，收入越高表明城乡收入差距越小。由于统计口径的变化，2008～2013年农村家庭可支配收入用农村居民纯收入代替。收入分配相关变量均来自2009～2021年《中国统计年鉴》。

① CFPS（China Family Panel Studies）是北京大学中国社会科学调查中心组织实施，通过追踪收集个体、家庭和社区三个层次的数据，以反映中国社会、经济和人口等的变迁，能够为生态转移支付政策的研究提供数据基础。由于CFPS 2020家庭经济库和个人库正式版的权数还在确认中，本部分使用2014年、2016年、2018年的数据以保证研究的科学性。

核心解释变量是生态转移支付，研究用中央对地方重点生态功能区的财政转移支付分配资金来衡量各省的生态转移支付水平。其中，2008～2016 年转移支付额是从财政部依公开申请获得，2017～2020 年的转移支付额是从财政部官方网站中获得。

其他控制变量主要包含产业结构、金融发展、政府行为以及对外开放水平等。（1）林毅夫等（2013）的研究认为，国家实施的优先发展重工业的战略会进一步减少劳动力需求，转而降低劳动者的均衡工资和收入，进而导致收入差距不断扩大。因此，本部分选择第二产业产值占 GDP 总值的比重表示产业结构。（2）张立军等（2006）认为，金融发展通过门槛效应、降低贫困效应和非均衡效应影响城乡收入差距，本研究利用各地区存贷款总额占国内生产总值的比重衡量各地区金融发展水平。（3）由于政府行为是收入再分配的主要手段，政府基础设施建设和财政投入是调控经济发展的主要工具，也是促进收入分配公平的重要保障，因此本部分研究采用地方财政支出占国内生产总值的比重衡量政府行为。（4）袁冬梅等（2011）通过实证分析验证了贸易开放度的扩大有利于城乡收入差距的缩小，为了控制贸易开放对收入分配的影响，本部分将各地区外商直接投资占国内生产总值的比重纳入控制变量。研究使用的控制变量数据多数来自 2009～2021 年《中国统计年鉴》和国家统计局官方网站数据，包含了我国 31 个省（区、市）。

主要变量的描述性统计如表 5. 1 所示。从泰尔指数来看，全国城乡收入分配差距较大，最小值为 0. 018，最大值为 0. 256，相差约 14 倍，且这一特征无论是在城乡收入差距还是在农村家庭可支配收入的指标上都很明显。从省域生态转移支付资金来看，各省收到的生态财政转移支付资金同样存在较大差距，最小为 0，最高达 66. 81 亿元。从控制变量来看，金融发展水平差异性较大，其次是对外开放，而产业结构和政府行为在省域间的差异相对较小。

表 5.1　　主要变量的描述性统计

主要变量	观测值	均值	标准差	最小值	最大值
泰尔指数	403	0.105	0.051	0.018	0.256
城乡收入差距 = 农村居民可支配收入/城镇居民可支配收入	403	0.375	0.064	0.234	0.542
农村家庭可支配收入（对数）	403	9.164	0.525	7.910	10.461
生态转移支付（亿元）	403	14.918	13.820	0	66.810
产业结构 = 第二产业产值/国内生产总值	403	0.480	0.093	0.298	0.837
金融发展 = 存贷款总额/国内生产总值	403	36.391	12.238	16.570	85.261
政府行为 = 地方财政支出/国内生产总值	403	0.285	0.203	0.100	1.354
对外开放 = 外商直接投资/国内生产总值	403	0.486	1.671	0.047	32.696

5.3.3　方法选择

本部分的目的在于估计生态转移支付对收入分配的影响，结合前文分析，考虑同时控制时间层面不随各省份变化的影响因素和省份层面不随时间变化的因素，本部分采用如下双向固定效应模型进行实证检验：

$$Y_{it} = \alpha_0 + \alpha_1 X_{it} + \sum_{j=1}^{n} \beta_{j,t} Controls_{j,it} + \gamma_t + \delta_i + \varepsilon_{it} \qquad (5.1)$$

其中，i、t、j 分别代表省份、年份、控制变量个数。Y_{it}是本部分的被解释变量，表示 i 省份第 t 年的收入分配水平，具体包含泰尔指数、城乡收入差距和农村家庭可支配收入。X_{it}是核心解释变量，表示 i 省份第 t 年获得的生态转移支付额。当 Y_{it}表示泰尔指数时，α_1 为正表明生态转移支付扩大了收入差距；当 Y_{it}表示城乡收入差距（农村人均可支配收入/城镇人均可支配收入）时，α_1 为正表明生态转移支付缩小了收入差距；当 Y_{it} 表示农村家庭可支配收入时，α_1 为正表明生态转移支付增加了农村家庭的可支配收入，反之则反。Controls 为一系列省（市）级控制变量。γ_t、δ_i、ε_{it} 分别表示时间固定效应、地区固定效应和随机误差项。

5.4 实证结果

5.4.1 基准回归分析

表 5.2 汇报了生态转移支付对泰尔指数、收入差距和农村居民可支配收入的影响。结果表明，无论加不加入控制变量，生态转移支付对收入分配的影响都是显著的。具体地，生态转移支付确实会缩小城乡收入差距，引领收入分配朝着更公平的方向发展。表现为随着转移支付金额的增加，农村居民可支配收入不断提升，其占城镇家庭可支配收入的比重进一步增加，而收入差距不断缩小。这些结果在控制省份和时间层面不可观测的因素后，依然显著。从泰尔指数来看，生态财政转移支付会显著降低泰尔指数规模，每一单位的缩减规模约为 0.1%；从收入差距和农村家庭可支配收入来看，生态转移支付将显著提高农村家庭可支配收入，并提升农村家庭可支配收入在城镇家庭可支配收入中的占比，其中农村家庭可支配收入将增加 0.4%，占比将提升 0.03 个百分点。由此可见，基准回归结果在一定程度上证实了生态转移支付对收入分配公平的重要作用，也为环境财政缩小城乡收入差距提供了新的解释。

表 5.2　　基准回归：生态转移支付与收入分配

变量	泰尔指数		收入差距		农村家庭可支配收入	
	(1)	(2)	(3)	(4)	(5)	(6)
生态转移支付	−0.0011*** (0.0001)	−0.0010*** (0.0001)	0.0004** (0.0002)	0.0003* (0.0002)	0.0042*** (0.0004)	0.0038*** (0.0004)
截距项	0.1020*** (0.0093)	0.1450*** (0.0162)	0.3690*** (0.0027)	0.3550*** (0.0160)	9.1020*** (0.0056)	8.9080*** (0.0439)
控制变量	否	是	否	是	否	是
省份固定效应	是	是	是	是	是	是
时间固定效应	是	是	是	是	是	是
观测值	403	403	403	403	403	403
调整的拟合优度值	0.9390	0.9410	0.9330	0.9390	0.9950	0.9960

注：括号内为聚类稳健标准误，*、**、*** 分别对应 10%、5%、1% 的显著性水平。

5.4.2　稳健性检验

为保证研究结果的稳健性，本部分基于工具变量法、数据缩尾处理、变换计量模型以及剔除同期内其他政策的影响等方式进行如下稳健性检验。

1. 工具变量回归

中央对地方的生态财政转移支付与地方收入分配之间可能存在“双向因果”的内生性问题。一方面，生态转移支付能缩小城乡收入差距，促进地区收入分配公平；另一方面，收入差距较大的地区为改善生态环境，促进生态经济发展，也会积极争取较多的生态转移支付资金。为识别生态转移支付对收入分配的独立影响，本部分将选取以下两个工具变量以解决内生性问题。（1）国家重点生态功能区的个数。国家重点生态功能区是生态财政转移支付的主要对象，其数量越多，中央对地方的生态转移支付资金就越多，满足工具变量相关性的假定，国家重点生态功能区的数量与各省生态转移支付金额的拟合线性关系如图5.2所示。同时，重点生态功能区的划定是由生态资源等自然条件决定的，与模型内其他因素无关，能够满足工具变量外生性的假定。（2）生态转移支付滞后一期。鉴于财政支出存在惯性，上期生态转移支付可能会影响当期转移金额，但当期的收入分配不可能影响上一期生态转移支付。因此，生态转移支付滞后一期能够有效缓解内生性问题。

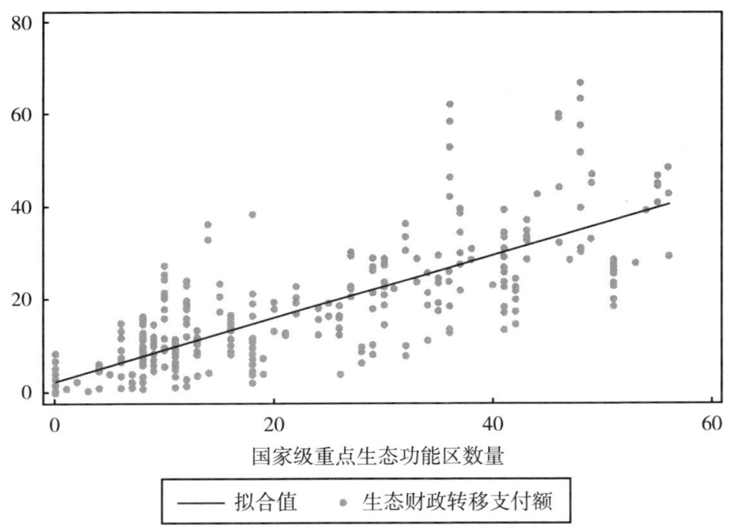

图5.2　国家级重点生态功能区数量与生态转移支付

选取工具变量后，表5.3利用两阶段最小二乘法进行工具变量的有效性检验，以避免扰动项可能存在的异方差等问题。其中，弱工具变量检验（Wald F统计量为1034.15）和过度识别检验（P值为0.1424）皆表明国家重点生态功能区数量和生态转移支付滞后一期的工具变量的选取是有效的。表5.3中，第一阶段的回归结果显示，重点生态功能区数量和上一期生态财政转移支付能够显著提高当期的生态财政转移支付金额，增加规模分别为15.6%和81.7%，这在一定程度上验证了财政支出的惯性特征。第二阶段的回归结果表明，生态财政转移支付对收入分配的促进作用仍在1%的水平上显著，这一结果与基准回归保持一致，进一步验证了基准回归结果的稳健性。

表5.3　　稳健性检验：工具变量回归

变量	第一阶段 生态转移支付	第二阶段 泰尔指数
重点生态功能区数量	0.1564 *** (0.0301)	
生态转移支付滞后一期	0.8174 *** (0.0416)	
生态转移支付		-0.0011 *** (0.0003)
控制变量	是	是
省份固定效应	是	是
时间固定效应	是	是
观测值	372	372
调整的拟合优度值	0.6200	0.7570

注：括号内为聚类稳健标准误，*** 对应1%的显著性水平。

2. 数据缩尾处理

数据缩尾处理有助于解决由于数据质量带来的内生性问题。考虑数据可能受到极端值和异常值的影响，本部分对数据进行了缩尾处理，即找出变量1%和99%所对应的分位数，将小于和大于分位数的数值替换为1%和99%的分位数值，使数据平滑化。数据缩尾后的回归结果如表5.4所示。将列（1）、列（2）和列（3）的结果与基准回归结果相比，数据缩尾后的回归结果并未发生重大变化。具体地，生态转移支付对农村家庭可支配收入的促进作用仍旧在1%的水平上显著为正，缩小收入差距的效果在10%的水平上显著为正，降低泰尔指数的效果在1%的水平上显著。这些结论与基准回归结果并无显著差异，即使是系数的绝对值，也未发生显著变化。这说明生态转移支付提升农村家庭可支配收入、缩小城乡收入差距并改善城乡收入分配的作用没有受极端异常值的影响，基准回归的结果比较稳健。

表 5.4　　稳健性检验：数据缩尾处理

变量	泰尔指数 (1)	收入差距 (2)	农村家庭可支配收入 (3)
生态转移支付	-0.0010*** (0.0001)	0.0003* (0.0002)	0.0038*** (0.0004)
截距项	0.1450*** (0.0162)	0.3550*** (0.0160)	8.9080*** (0.0439)
控制变量	是	是	是
省份固定效应	是	是	是
时间固定效应	是	是	是
观测值	403	403	403
调整的拟合优度值	0.9410	0.9390	0.9960

注：括号内为聚类稳健标准误，*、*** 分别对应 10%、1% 的显著性水平。

3. 使用交互固定效应

基准回归模型也可能存在既随时间变化又伴随个体差异变化的不可观测变量产生的内生性问题，这些问题使用传统的固定效应模型难以解决。而与传统面板固定效应模型相比，交互固定效应模型能够充分考虑现实经济中存在的多维冲击，以及不同个体对这些冲击反应的异质性。本部分借鉴巴伊（Bai，2009）的研究，在面板固定效应模型中引入省份和年份的交互效应，以反映共同因素对不同省份影响的差异，回归结果如表 5.5 所示。

表 5.5　　稳健性检验：交互固定效应

变量	泰尔指数	收入差距	农村家庭可支配收入
生态转移支付	-0.0003** (0.0001)	0.0002* (0.0001)	0.0009** (0.0004)
截距项	0.1740*** (0.0165)	0.2730** (0.1330)	7.6660*** (0.4100)
控制变量	是	是	是
省份固定效应	是	是	是
时间固定效应	是	是	是
省份×时间固定	是	是	是
观测值	403	403	403

注：括号内为聚类稳健标准误，*、**、*** 分别对应 10%、5%、1% 的显著性水平。

总的来看，与基准回归相比，生态转移支付系数的绝对值都有一定程度的下降，其中泰尔指数的系数绝对值从 0.001 下降至 0.0003，城乡收入差距的系数从 0.0003 下降至 0.0002，农村家庭可支配收入的系数从 0.0038 下降至 0.0009。这说明基准回归模型中，确实存在一些既随时间变化又随省份变化的不可观测的因素。但是，生态转移支付对收入分配公平的促进作用依然稳健。其中，生态转移支付在 5% 的水平上显著降低泰尔指数，在 10% 的水平上显著降低城乡收入差距，在 5% 的水平上显著提升农村家庭可支配收入。使用交互固定效应模型后，剔除了同时随时间和个体变化的混淆因素的影响，进一步验证了生态转移支付改善收入分配的政策效应，也进一步验证了基准回归结果的稳健性。

5.4.3　进一步分析

基准回归和稳健性检验均表明生态财政转移支付能够提高农村家庭收入，缩小城乡收入差距，促进收入分配公平。本部分试图在基准回归的基础上，进一步考察生态财政转移支付对不同家庭收入组的增收效应、对不同收入类型的增加效应以及对劳动力流动的影响。由于省级层面的数据难以体现具体家庭或个体的收入差异和行为差异，本部分将省级生态财政转移支付数据与中国家庭追踪调查数据（CFPS）进行匹配，构建一组包含2014年、2016年、2018年12141户家庭33859位个体的微观家庭数据（农村），以进一步多维分析生态财政转移支付的收入分配效应。

1. 生态转移支付对不同收入组的增收效应

分析政策在不同群体间的差异一直是研究的重点，因此，本部分将家庭按纯收入进行排序，对其进行0.25分位数、0.5分位数、0.75分位数和0.95分位数回归。表5.6显示，受生态财政转移支付的影响，每一分位数的家庭纯收入都有一定的增加，但只有位于0.25分位数的家庭增收效果显著。这表明，生态财政转移支付的增收效应更容易被低收入群体获得，因此具有更强的缩小收入差距的效应。学者们一致认为，我国转移支付体系具有显著的收入再分配效应和明显的亲贫性（卢盛峰等，2018），本部分对生态财政转移支付的增收效应分析，也从环境财政的角度进一步验证了生态转移支付的亲贫性。

表5.6　　进一步分析：生态转移支付对不同收入组的增收效应

变量	全部家庭纯收入			
	0.25分位数	0.50分位数	0.75分位数	0.95分位数
生态转移支付	9.4310*** (2.3910)	0.2100 (0.7070)	0.0483 (0.2690)	0.0256 (0.4730)
个体层面的控制	是	是	是	是
省份层面的控制	是	是	是	是
个体固定效应	是	是	是	是
时间固定效应	是	是	是	是
观测值	33047	33047	33047	33047

注：(1) 括号内为聚类稳健标准误，*** 对应1%的显著性水平。(2) 个体层面的控制变量包括年龄、性别、受教育程度、健康水平、婚姻状况等；省级层面的控制与基准回归保持一致，包括金融发展、对外开放水平、政府财政行为和产业结构等。

2. 生态转移支付对不同收入类型的增收效应

生态财政转移支付虽然能够吸引个体对农业、林业和种植业等行业的选择，增加家庭纯收入，但是究竟哪一类收入能够从中获益？表5.7进行展开分析。本部分进一步将家庭收入分为转移性收入、财产性收入、工资性收入和经营性收入。参考沈满洪等（2004）的定义，“输血型”补偿是指政府或补偿者将筹集起来的补偿资金定期转移给被补偿方；“造血型”补偿是以项目支持的形式，以政府或补偿者为主体，将补偿资金转化为技术项目、劳动力输送等，进而形成自我发展的造血机能和机制。我们将居民获得的转移性收入和财产性收入称为政府的“输血型”补偿，将工资性收入和经营性收入称为“造血型”补偿。

表5.7的结果表明，在控制了个体和时间固定效应后，生态财政转移支付显著增加了居民的转移性收入和财产性收入。其中，生态转移支付在1%的水平上显著促进居民的转移性收入，在10%的水平上显著提升居民的财产性收入。而对于工资性收入和经营性收入的增加效果并不显著。这表明现行的生态财政转移支付制度虽然能够促进居民对农业、林业和种植业以及个体经营等行业的选择，但并未增加相应的收入。也就是说，当前的生态财政转移支付尚未转化为居民的自我积累能力和自我发展能力，还未形成可持续的造血机能和自我发展机制，生态转移支付的造血能力有待提升。

表5.7　进一步分析：生态财政转移支付对不同收入类型的增收效应

变量	输血型补偿		造血型补偿	
	转移性收入	财产性收入	工资性收入	经营性收入
生态转移支付	0.0265*** (0.0065)	0.0352* (0.0201)	0.0426 (0.0378)	0.0011 (0.0038)
截距项	5.2900*** (1.8990)	10.8100 (9.2880)	-3.6770 (7.3100)	6.9460*** (1.6030)

续表

变量	输血型补偿		造血型补偿	
	转移性收入	财产性收入	工资性收入	经营性收入
个体层面的控制	是	是	是	是
省级层面的控制	是	是	是	是
个体固定效应	是	是	是	是
时间固定效应	是	是	是	是
观测值	24501	2527	3385	17231

注：(1) 括号内为聚类稳健标准误，*、*** 分别对应10%、1%的显著性水平。(2) 个体层面的控制变量包括年龄、性别、受教育程度、健康水平、婚姻状况等；省级层面的控制与基准回归保持一致，包括金融发展、对外开放水平、政府财政行为和产业结构等。

5.5 本章小结

国家重点生态功能区转移支付制度是中央政府对经济落后、生态环境重要地区的最直接、最集中和最持续的资金补助手段，是一项极具战略意义的一般性财政转移支付制度，也是我国生态补偿体系中必不可少的一环。生态转移支付政策的实施不仅提高了该区域生态产品价值，更是通过缩小城乡收入差距，成为实现共同富裕的重要抓手。本章利用2008～2020年中央下达给各省的国家重点生态功能区生态转移支付数据，实证检验生态财政转移支付的收入分配效应，利用微观调查数据库（CFPS）进一步探索生态转移支付的亲贫性、劳动力流动和输血效应，并基于中介机制检验提升基本公共服务水平这一作用路径。研究结果如下：(1) 生态财政转移支付在促进收入分配公平方面效果显著，具体表现为显著提高农村家庭可支配收入，缩小城乡收入差距，并降低泰尔指数。这一基准回归结果在经过工具变量、数据缩尾、更换模型等一系列内生性处理后依然稳健。(2) 生态财政转移支付政策具有亲贫性，对位于

0. 25 分位数的家庭增收效果明显。这一结果证实了生态财政转移支付能够有效跨越“环境—贫困”陷阱，缓解环境恶化与贫困相互促进的恶性循环。(3) 生态财政转移支付政策目前只发挥了“输血”效应，尚未形成造血机制。表现为仅提高居民转移性收入和财产性收入，对工资性收入和经营性收入的影响不显著。

Chapter 6 第6章 生态转移支付的绿色发展效应分析

6.1 生态转移支付与绿色发展效应

党的二十大报告将实现全体人民共同富裕和促进人与自然和谐共生作为中国式现代化本质要求的重要内容。生态转移支付制度作为生态文明制度的重大创新，肩负既要“绿水青山”，又要“金山银山”的双重使命，与既要推动人与自然和谐共生，又要实现全体人民共同富裕的中国式现代化本质要求高度吻合。2023 年《新时代的中国绿色发展》白皮书中提出“绿色发展是顺应自然、促进人与自然和谐共生的发展，是用最少资源环境代价取得最大经济社会效益的发展”，这一理念已经成为各国共识。事实上，早在 2005 年，时任浙江省委书记的习近平同志就创造性地提出“绿水青山就是金山银山”的重要理念①，并在 2013 年进一步作出了深刻阐释。该理念内涵了经济发展与生态环境保护协调的绿色发展道路，并通过绿水青山和金山银山之间的关系阐释，反映了发展的价值

① 习近平：绿水青山就是金山银山［EB/OL］. 新华网，2005-08-15.

取向从以往的经济优先到经济发展与生态保护并重的变化轨迹。保护生态环境并非拒绝发展，而是要在保护环境的同时，实现经济的增长。当前，对生态转移支付的研究过多集中在对环境质量的改善上，忽略了政策的绿色经济增长。在新时代的背景下，任何有效的环境政策必须同时实现既改善生态环境质量，又能保持经济的增长。因此，有必要实证检验生态转移支付政策的绿色发展效应。

6.2 生态转移支付影响绿色发展效应的作用机理

6.2.1 生态转移支付与绿色发展

经济增长和环境污染之间的讨论由来已久，格罗斯曼和克鲁格（Grossman & Krueger，1991）基于跨国数据发现了环境质量与人均收入之间的关系，即污染在低收入水平上随人均 GDP 的增加而上升，在高收入水平上随 GDP 的增长而下降。帕纳约托（Panayotou，1993）将这种倒“U”型曲线称为环境库兹涅茨曲线（EKC），并指出环境质量开始随着收入增加而退化，当收入水平上升到一定程度后，会随收入增加而改善。生态财政转移支付释放了地方政府财政资金压力，提高了重点生态功能区财力水平，在接受转移支付资金后，对地方政府环境治理的投入和经济发展的路径都会产生影响。一方面，生态转移支付通过提供资金和制度便利，带来创新补偿效应，促进传统产业技术创新和绿色转型，实现产业生态化发展；另一方面，转移支付政策伴随的环境压力迫使地方政府转变经济发展思路，激励企业和个体从事与绿色产业相关的领域，促进生态产品实现经济价值，积极探寻生态产业化发展。尽管如此，生态财政转移支付促进绿色发展的结论值得商榷。首先，在过去重经济的制度背景下，地方政府更倾向于将财政资金用于促进经济快速增长领域，对于周期长、见效慢的生态环境领域，地方政府缺乏足够的动力保证资金的投入。其次，“输血型”的生态财政转移支付导致地方政府的依赖日益加深，造血机制尚未形成，对环境质量的改善和经济发展的促进效果极不稳定。最后，环境政策的“门槛效应”造成区域内污染企业关停，区域外入驻企业标准较高，如果缺乏足够的绿色技术创新，很难实现绿色发展。基于此，提出假设6－1：生态转移支付政策尚未实现绿色发展目标。

6.2.2　生态转移支付影响绿色发展的异质性

绿色发展的内涵既包括生态环境的改善，也包含经济发展水平的提高，本身具有双重异质性。从生态异质性来看，生态西部是全国生态承载力最脆弱的地区，其环境和经济发展最容易受政策影响。生态财政转移支付政策的实施能够较大程度缓解生态西部因保护环境而丧失的机会成本，但生态西部伴随的“穷经济、富生态”的现状，以及因发展的“负外部性”积累的环境旧账尚未从根本上得到扭转，生态西部对环境政策的敏感度较强。据此，提出假设6－2a：生态财政转移支付政策对生态西部的影响大于生态东部和中部。从经济异质性来看，东部地区及东北地区拥有雄厚的经济实力，其抵抗重大环境和经济风险的能力高于西部地区。最主要的是，东部地区地方政府有足够的财力在政策实施后，调整当前产业结构，不必将转移支付资金用于环境治理之外的其他领域。而以财政收支缺口为支付标准的生态转移支付势必对收支缺口较大的西部地区影响更深。因此，提出假设6－2b：生态财政转移支付政策对西部地区的影响大于其他地区。除了碳生产率的双重异质性，财政体制的异质性也是影响生态财政转移支付的重要因素。分权理论认为，环境分权能够减少中央政府和地方政府之间的信息损耗，提高环境的供给效率，其本质是财力、财权与事权的匹配问题。重点生态功能区转移支付政策将财力下放给地方政府，地方政府本身承担该区域环境治理与改善的任务，一旦地方政府的财权被激活，就能实现环境政策效果。因此，提出假设6－2c：生态财政转移支付政策对实施财政体制改革的地区影响较大。

6.2.3 金融政策协同及财政自主度的调节作用

良好的生态环境具有较强的正外部性，需要政府制定相关政策加以引导。财政政策与金融政策有各自的运行体系，但是在生态环境治理领域，如果单独依靠财政政策推动环境质量改善将面临资金缺口大、不可持续的困境。金融资本的介入使财政投入能够发挥“四两拨千斤”的作用，放大财政政策的实施效应，又能控制风险和补偿成本，缓解该地区因保护环境而产生的融资难、融资贵问题。可以说，财政政策与金融政策的有效协同，能够将生态优势转化为经济优势，促进有为政府和有效市场的更好结合，进而实现环境与经济的双重目标。据此，提出假设6－3a：金融政策能够促进生态财政转移支付政策的绿色发展效应。理论分析表明，对于重点生态功能区转移支付政策的实施，中央政府严格监管，地方政府贯彻执行时才能实现政策目标，提高整体社会福利水平。地方政府收到生态转移支付资金后的执行力除了受中央政府监管的影响外，更受财政分权水平的影响。财政分权水平越高，越能灵活配置财政资金，提高政策效率。因此，提出假设6－3b：财政自主度能够调节生态财政转移支付政策的绿色发展效应。

图6.1综合展示了生态转移支付促进绿色发展的作用机理。

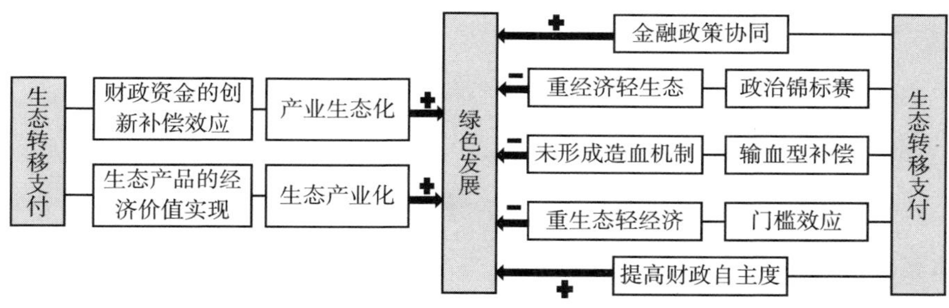

图6.1　生态转移支付与绿色发展的作用机理

6.3 实证策略

6.3.1　数据选取

综合考虑生态转移支付的实施情况和县域数据的可得性，本章所选样本为2004～2017年1857个中国县（区）级单位数据。原因如下：（1）生态转移支付制度自2008年开始实施，2017年以后受补助县域范围未发生变化；（2）双重差分法需要考虑政策实施前后处理组和控制组的变化，因此面板数据的时间跨度选择在2004～2017年。其中，生态转移支付的数据由财政部网站“依申请公开”系统申请信息公开得到，2008～2017年受补助县域数量如表6.1所示。

表6.1　2008～2017年受补助县域数量　　单位：个

数量	2008年	2009年	2010年	2011年	2012年	2013年	2014年	2015年	2016年	2017年
受补助县域数量	230	372	451	452	466	492	512	555	728	819

6.3.2 数据来源与变量说明

1. 被解释变量

被解释变量绿色发展选取碳生产率指标。摒弃传统的绿色发展指标体系合成的方法，本部分选取碳生产率作为绿色发展效应的代理指标。2008 年，麦肯锡全球研究所（MGI）发布了一则报告，即《碳生产率挑战：遏制全球变化、保持经济增长》。该报告指出任何一项成功的环境技术必须实现两个目标，一是稳定大气中温室气体的含量，二是保证经济持续增长。这一定义与绿色发展的内涵具有一致性（曲建升和王勤花，2008）。碳生产率正是将生态与经济结合起来的衡量指标，即“每单位 CO_2 当量排放的 GDP 产出水平”。这一概念被广泛应用于 DICE 模型之中，也被表示为“每单位 CO_2 当量排放的 GDP 产出水平”或“排放一吨 CO_2 或其他同等水平的污染物所造成的经济成本”（Nordhaus，2014；Ferrari，2021）。本部分利用经济总产值与 CO_2 排放总量的比值衡量碳生产率，也使用 PM2.5 和工业产值等环境和经济指标衡量污染物生产率作为被解释变量的替换指标，具体数据源于相应年份的《中国县域统计年鉴》。

2. 解释变量

核心解释变量为生态转移支付政策。2008 年中央财政设立国家重点生态功能区财政转移支付资金，2008 ~ 2017 年累计下拨国家重点生态功能区转移支付资金达 3709.72 亿元，受益范围涵盖了重点生态县域、“三区三州”等深度贫困地区、京津冀、海南及长江经济带地区、国家级禁止开发区、试点示范区和重大生态工程建设地区及选聘建档立卡人员为生态护林员的地区。该项转移支付是迄今为止中央对经济落后、生态环境重要地区所给予唯一的，具有直接性、持续性和集中性的资金补助（刘璨等，2017）。本部分将财政部网站“依申请公开”方式获得的转移支付县域名单作为核心解释变量，将该县（区）在当年是否收到补助做0和1处理。

3. 控制变量

为避免其他因素对县域单位碳排放的经济成本造成影响，本部分围绕县（区）域经济发展、资源利用、县域规模、社会发展等控制了一系列外生变量。经济发展变量包括第二产业产值、储蓄存款余额；资源利用方面主要控制了能源消耗指数；县域规模方面控制了乡镇个数、小学生人数；社会发展考虑了农业机械总动力和财政支出。数据均来源于《中国县域统计年鉴》。变量的描述性统计如表6.2所示。

表6.2 主要变量的描述性统计

变量名	观测值	均值	标准差	最小值	最大值
碳生产率	25985	8.3180	0.7110	5.3330	11.7210
生态转移支付政策	25998	0.1690	0.3740	0	1.0000
第二产业产值（取对数）	25958	12.4150	1.4680	2.5650	16.7690
储蓄存款余额（取对数）	25893	12.8320	1.2350	3.0910	16.4430
能源消耗指数	25998	0.2400	0.7550	0	22.0380
乡镇个数（取对数）	25743	2.2830	0.7590	0	6.4780
小学生人数（取对数）	25964	10.1870	0.8740	4.7190	14.2860
农业机械总动力（取对数）	25441	3.2410	1.0060	0	12.0350
财政支出（取对数）	25962	11.6450	0.9770	5.7370	15.1740

从主要变量的描述性统计可以看出，各区域碳生产率存在较大差异，碳排放的经济成本最小为5.333元/吨，最大为11.721元/吨。从标准差和均值可以看出，总样本中收到生态转移支付财政资金的县区数量少于未收到生态转移支付的县区数量。控制变量中，标准差较大的变量有第

二产业产值、居民储蓄存款余额以及农业机械总动力，标准差较小的有能源消耗指数、乡镇个数、小学生人数和地方政府财政支出。

6.3.3 模型设定

传统 DID 假定处理组的所有个体受到政策冲击的时间完全相同，但是会出现处理组个体接受处理时间点不一致的情况。为检验生态转移支付造成的单位碳排放的经济损失，基于受补助县域数量随时间发生变化，本部分采用多期 DID（Time-varying DID）方法进行数据处理，模型如下：

$$\text{lnscc}_{it} = \beta_0 + \beta_1 \text{ecotransfer}_{it} + \sum \beta_2 \text{controls}_{it} + \mu_i + \lambda_t + \varepsilon_{it} \quad (6.1)$$

其中，i、t 分别表示县域和年份。ssc_{it}表示 i 县（区）第 t 年碳生产率。$ecotransfer_{it}$表示生态转移支付政策的实施，若该地区当年收到生态补助则赋值为1，否则为0。$controls_{it}$为一系列县级控制变量的集合。μ_i、λ_t、ε_{it}分别表示地区固定效应、时间固定效应和随机扰动项。本部分主要关注β_1 的大小和符号，若β_1 显著小于0，说明生态转移支付会造成该县（区）碳生产率下降；若β_1 显著大于0，说明生态转移支付会带来该县（区）碳生产率上升。

6.4 实证结果

6.4.1 基准回归分析

表6.3 汇报了生态转移支付对碳生产率的影响，至少可以得到以下几

点结论：（1）列（1）和列（2）的结果显示，不加入控制变量时，生态转移支付在1%的水平上显著造成该地区单位碳排放的经济损失。加入控制变量后，显著性未发生变化，但损失值有所增加；（2）收到生态补助的县域，生态转移支付会降低该区域的碳生产率，即未实现生态与经济协同的绿色发展效应，且损失规模至少相当于未收到生态补助地区的1.07%；（3）列（3）至列（6）的结果显示，生态转移支付给县域造成的影响是长期的（结果显示至少4期），但影响程度有逐渐减小的趋势，表现为绝对值的下降；（4）就列（2）的控制变量来看，储蓄存款余额越多和县域规模越大，会显著降低该地区碳生产率，造成该地区单位碳排放的经济损失。第二产业产值越多和能源消耗指数越大，会显著提高该地区碳生产率，带来该地区单位碳排放的经济收益增加。农业机械总动力和财政支出在该模型中对碳生产率并未产生显著影响。

表6.3　　基准回归：生态转移支付与碳生产率

变量	碳生产率		滞后一期	滞后二期	滞后三期	滞后四期
	（1）	（2）	（3）	（4）	（5）	（6）
生态转移支付	-0.0706*** (0.0134)	-0.0891*** (0.0121)	-0.0955*** (0.0133)	-0.0915*** (0.0143)	-0.0757*** (0.0141)	-0.0479*** (0.0130)
第二产业产值		0.3280*** (0.0171)	0.2400*** (0.0147)	0.1570*** (0.0120)	0.0735*** (0.0108)	-0.0060 (0.0118)
储蓄存款余额		-0.0846*** (0.0170)	-0.0583*** (0.0147)	-0.0341*** (0.0124)	0.0068 (0.0127)	0.0126 (0.0129)
能源消耗指数		0.0290*** (0.0055)	0.0270*** (0.0051)	0.0252*** (0.0049)	0.0222*** (0.0049)	0.0164*** (0.0053)
乡镇个数		-0.0395*** (0.0061)	-0.0338*** (0.0062)	-0.0248*** (0.0068)	-0.0175** (0.0075)	-0.0156** (0.0077)
小学生人数		-0.0830*** (0.0159)	-0.0753*** (0.0148)	-0.0686*** (0.0139)	-0.0454*** (0.0138)	-0.0324** (0.0148)
农业机械总动力		0.0154 (0.0111)	0.0138 (0.0103)	0.0199** (0.0092)	0.0195** (0.0086)	0.0230*** (0.0084)

续表

变量	碳生产率		滞后一期	滞后二期	滞后三期	滞后四期
	(1)	(2)	(3)	(4)	(5)	(6)
财政支出		0.0127 (0.0142)	0.0436 *** (0.0141)	0.0395 *** (0.0134)	0.0115 (0.0129)	0.0001 (0.0127)
常数项	7.9520 *** (0.0066)	6.0180 *** (0.3090)	6.2500 *** (0.3020)	6.8720 *** (0.2850)	7.4800 *** (0.2760)	8.3900 *** (0.3010)
时间固定效应	是	是	是	是	是	是
地区固定效应	是	是	是	是	是	是
观测值	25985	25314	23490	21661	19836	18007
拟合优度值	0.6920	0.7790	0.7570	0.7180	0.6750	0.6470
县域数量	1857	1853	1852	1852	1852	1851

注：括号内为企业层面的聚类稳健标准误，** 、*** 分别对应5%、1%的显著性水平。

由此可见，生态转移支付政策的实施造成受到补助的县域，其碳生产率显著低于没有受到补助的县域，这将激励受到补助的县域排放更多的二氧化碳进而造成经济损失，且这一影响具有长期性。以往学者们围绕生态转移支付政策的效果多集中在污染物的排放层面，而基准回归结果进一步阐释了生态转移支付政策的绿色发展效率问题，利用单位碳排放的经济产出衡量绿色发展的效率，也在一定程度上避免了财政政策落入碳减排的“陷阱”。

6.4.2 稳健性检验

1. 平行趋势检验

基准回归结果表明生态转移支付政策会降低受到补助的县域的碳生产率，带来一定的经济损失。但是，这一差异性结果可能在转移支付政策实施前就存在。因此，本部分引入平行趋势检验。平行趋势检验认为样本中的实验组和控制组在政策实施前不存在显著差异，而在政策实施后实验组显著异于控制组，即具有可比性。在基准模型中，平行趋势假定就是指在实施生态转移支付政策之前，受补助县（区）和未受补助县（区）碳生产率在时间趋势上基本是一致的。而在政策实施之后，实验组和对照组平行趋势的打破则表明受补助县（区）的碳生产率相对于未受补助的县（区）在趋势上发生了改变。因此，本部分以各地区政策实施的上一年作为基期，考察样本前四期和后七期受补助县区和未受补助县区碳生产率的时间趋势，检验结果如图6.2所示。

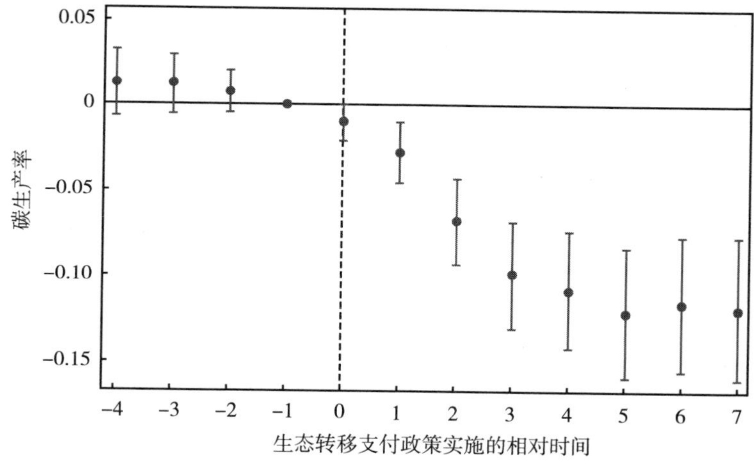

图6.2 稳健性检验：平行趋势

图6.2中，横轴为生态转移支付政策实施的相对时间，纵轴为每一时点政策虚拟变量的回归系数，将政策实施前一期（第 -1 期）作为基准组，图形展示了生态转移支付政策的系数在各个时点的显著情况。结果表明，在生态转移支付政策实施之前，政策虚拟变量的系数在0附近波动，即受补助县（区）与未受补助县（区）碳生产率不存在显著差异，符合平行趋势假定。在生态转移支付政策实施的第1年，碳生产率呈下降趋势，但没有显著异于零。政策实施的第2年，受补助县区碳生产率开始显著低于未受补助地区，且这种差距在政策实施后的5年内不断加

大，第 6 年之后逐渐缩小。这说明生态转移支付造成的碳生产率下降呈现出一定的趋势效应。

2. 培根分解

多期 DID 模型中，双向固定效应估计量等于数据中所有可能的两组或两期估计量的加权平均值。然而受补助县（区）每年都有新增，在研究期内可能会将早期受到补助县（区）和一直受到补助县（区）的样本当作控制组，进而导致双向固定效应估计量产生偏误。因此，本部分借鉴古德曼－培根（Goodman-Bacon，2021）的方法对不同组别进行分解，检查基准回归估计量是否存在严重偏误。

图 6.3 中横轴表示每个 2 ×2DID 矩阵的权重，纵轴表示估计量，水平线为双向固定效应估计量（－0.076）。图内圆圈表示时间组，指在不同时间接受处理可以作为彼此的对照组；三角形表示将分析开始前处理的一组作为对照组；叉号表示将未接受处理的组作为对照组。从结果可以看出，双向固定效应的 DID 估计量－0.076 是不同组别的加权总和。其中不同处理时间带来的差异占据总效应的 19.10%，而同组内的差异占比为 3.66%，图中未发现异常值和异常值权重过高的情况。进一步地，按

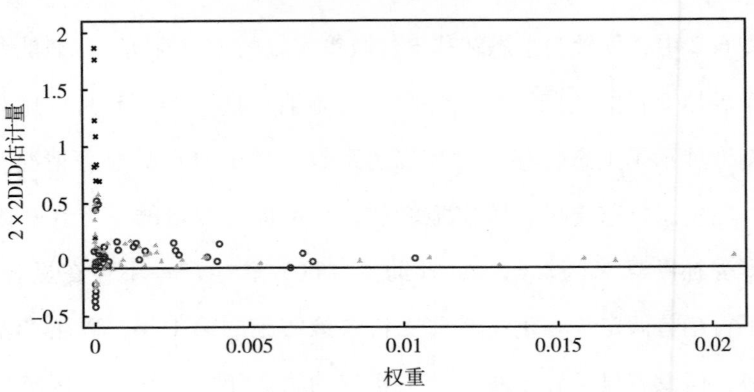

图 6.3　稳健性检验：Bcaon 分解

照如下四种类型组别加总对应的效应和权重。

表6.4展示了四类“处理组VS控制组”所对应的处理效应和权重。从结果可以看出，将早期受到补助县（2）和一直受到补助县（3）的样本当作控制组的两类组别权重之和占总体的6.34%，这并不会给生态转移支付的成本效应带来严重偏误。因此，培根分解的图和表均证实了基准回归结果的稳健性。

表6.4　　稳健性检验：不同组别的平均处理效应和权重

组别	平均处理效应	权重
（1）早处理组VS晚处理组	0.0004	0.1279
（2）晚处理组VS早处理组	0.0021	0.0631
（3）时变处理组VS总是处理组	0.0003	0.0003
（4）时变处理组VS从未处理组	-0.0734	0.8086

3. 异质性处理效应检验

双重差分模型的传统设定中，满足平行趋势假设的前提下，DID对平均处理效应的估计是无偏的。但最新的研究表明（Sun et. al.，2020；Callaway et. al.，2021），双向固定效应的估计量还需要满足“处理效应无论在组间还是不同时期都为常数”的条件，才能获得平均处理效应的无偏估计。在现有的分析内容中，各县区受生态转移支付政策干预的开始和实施时间均有区别，处理效应在县域间和时间区域内的异质性可能会给双向固定效应估计量带来负权重和严重偏误。为检验异质性处理效应，刻画出生态转移支付政策交叠实施的处理效应的稳健估计量，本部分借鉴凯斯马丁等（Chaisemartin et al.，2020）提出的多期多个体倍分模型和对应的估计量DID_M。将处理组限制为试点前后政策处理状态发生转换的县域，将两期政策状态不发生改变的县域作为控制组，衡量政策转换的效应（switching effect）。各结果变量下负权重检验和平均处理效应估计结果表明，基于 DID_M 估计量在抽样50次后发现，基准回归样本的负权重占比为0.14%，正权重之和接近1，负权重之和接近0，政策转换的平均处理效应为-0.05。这说明异质性处理效应导致的生态转移支付政策负权重比例较小，不存在严重偏误，基准回归的结果依然稳健。

图6.4刻画了政策处理前三期、后七期的事件研究图，进一步估计了每一期的动态处理效应。图形表明，在生态转移支付实施前，政策的处理效应几乎不存在，在政策实施后，碳生产率指标在次年有明显下降趋势，且呈现出和平行趋势检验一样的趋势效应。这一结果有力证实了生态转移支付政策对碳生产率的抑制作用，而异质性处理效应的影响甚微。

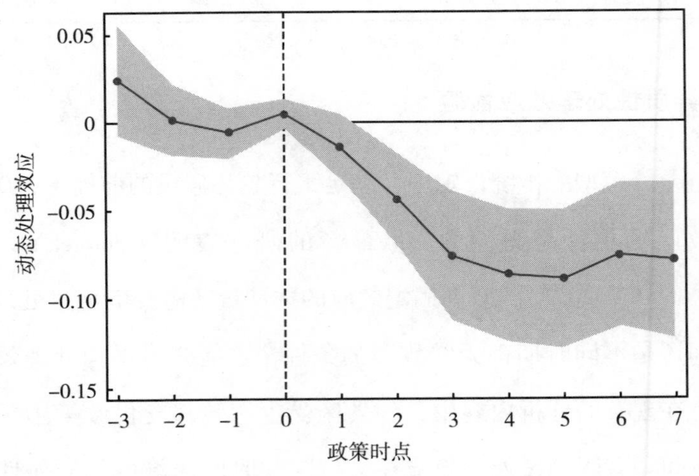

图6.4　稳健性检验：动态效应的事件研究

4. 安慰剂检验

基准回归和平行趋势检验等都证明了生态转移支付政策实施之前，受补助地区和未受补助地区的碳生产率不存在显著差异，而生态转移支付政策实施以后，受补助地区的碳生产率显著低于未受补助地区。然而，这种差异可能是由经济周期等不可观测的因素引起的。因此，本部分使用安慰剂检验证实低碳试点政策的实施效果是否具有偶然性。借鉴周茂等（2018）的思路，找到理论上不会对结果变量产生影响的“伪政策虚拟变量”替代真实的政策虚拟变量，利用模型（1）再进行差分。同时，为了解决样本随机性不足等问题，采用 Bootstrap 再抽样 500 次进行安慰剂检验，结果如图 6. 5 所示。

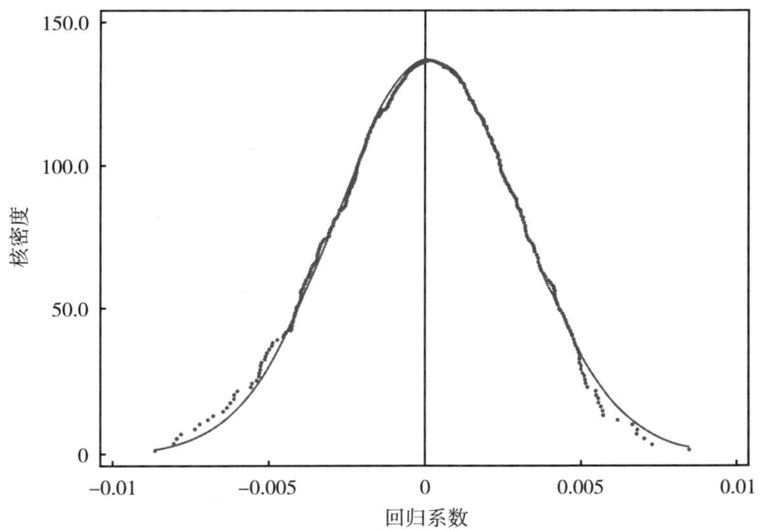

图 6. 5　稳健性检验：“伪政策虚拟变量”的安慰剂检验

图 6. 5 展示了“伪政策虚拟变量”估计系数的核密度分布，其中横轴是回归系数，纵轴是估计系数的核密度分布，垂直线是 0 值线。可以看出，“伪政策虚拟变量”的估计系数分布在零值附近，且服从正态分布，符合安慰剂检验的预期。具体来看，与真实值（ - 0. 0891）相比，在随机抽样的情况下，估计值的绝对值大于真实值的事件是不可能事件。这表明基准回归的估计结果并非偶然得到的，因而不太可能受随机因素的影响。

5. 剔除其他政策影响

为进一步排除样本期间内其他政策的混淆因素影响，本部分梳理出潜在影响政策加入基准回归，以验证基准回归结果的稳健性。总体上，影响本部分估计准确性的政策可以分为低碳政策和经济政策两类。其中，主要的低碳政策包括：2010 年低碳省区和低碳城市试点政策，政策将广东、辽宁、云南、天津、重庆、深圳等五省八市作为首批低碳试点[①]；2011 年开展节能减排财政政策综合示范工作，将北京、吉林、浙江、江西、湖南、深圳、重庆、贵州列为节能减排财政政策综合示范区[②]。本部分将是否为低碳试点区与是否为 2010 年后的交互项、是否为财政减排示范区与是否为 2011 年后的交互项加入基准回归，以控制低碳政策的冲击。主要的经济政策包括：2016 年“绿水青山就是金山银山”实践创新基地，将山西省右玉县、江苏省泗洪县、浙江省湖州市、衢州市、安吉县、安徽省旌德县等 13 个地区划为“两山”理论实践创新基地，力图实现生态产品的经济价值[③]；2018 年国务院发布脱贫攻坚指导意见[④]。为此，本部分将是否为“两山”实践基地与是否为 2016 年后的交互项、是否处于脱贫攻坚战略期加入基准回归方程，以控制经济政策的冲击。结果如表 6.5 所示，核心解释变量生态转移支付政策的系数依然显著为负，表明同期与低碳环境和经济发展相关的重要政策并未对结果造成严重偏误，基准回归结果比较稳健。

---

① 国家发展改革委关于开展《低碳省区和低碳城市试点工作》的通知［EB/OL］. 中华人民共和国国家发展和改革委员会，2010－07－19.

② 财政部、国家发展改革委关于开展《节能减排财政政策综合示范工作》的通知［EB/OL］. 中华人民共和国财政部和中华人民共和国国家发展和改革委员会，2011－06－22.

③ 关于命名浙江省安吉县等 13 个地区为第一批“绿水青山就是金山银山”实践创新基地的通知［EB/OL］. 中华人民共和国生态环境部，2017－09－18.

④ 中共中央、国务院关于《打赢脱贫攻坚战三年行动》的指导意见［EB/OL］. 中华人民共和国中央人民政府，2018－06－15.

表 6.5　　　　　　　　稳健性检验：剔除其他政策影响

变量	碳生产率			
	(1)	(2)	(3)	(4)
生态转移支付	−0.0825 *** (0.0119)	−0.0785 *** (0.0116)	−0.0785 *** (0.0116)	−0.0786 *** (0.0116)
低碳城市试点政策	0.0941 *** (0.0139)	0.1010 *** (0.0134)	0.1010 *** (0.0134)	0.1010 *** (0.0134)
财政减排政策		0.1610 *** (0.0127)	0.1610 *** (0.0127)	0.1610 *** (0.0128)
脱贫攻坚战略			0.3810 *** (0.0418)	0.3810 *** (0.0418)
两山实践创新基地				0.0809 * (0.0437)
常数项	5.7850 *** (0.303)	6.0110 *** (0.297)	6.0110 *** (0.297)	6.0100 *** (0.297)
控制变量	是	是	是	是
时间固定效应	是	是	是	是
地区固定效应	是	是	是	是
观测值	25289	25289	25289	25289
拟合优度值	0.7840	0.7910	0.7910	0.7910
县域数量	1853	1853	1853	1853

注：括号内为聚类稳健标准误，*、*** 分别对应 10%、1% 的显著性水平。

6. 更换被解释变量

为了证明基准回归的稳健性，本部分采用单位 CO_2 排放的工业经济成本和单位 PM 2.5排放的社会成本作为绿色发展效应的代理变量进行稳健性检验。其中，单位 CO_2 排放的工业经济成本用增加一单位 CO_2 排放造成的工业产值的下降表示，单位 PM 2.5排放的社会成本用增加一单位 PM 2.5排放造成的经济总产值的下降表示，回归结果如表 6.6 所示。与基准回归的列（2）相比，表 6.6 中列（1）的结果在证明基准回归稳健性的同时，还表明生态转移支付主要补偿了工业部门单位碳排放的经济成本，造成工业部门单位碳排放的经济成本显著下降，这对工业部门 CO_2 的排放造成了隐性激励。表 6.6 中列（2）的结果在一定程度上再次证实生态转移支付对单位污染物排放的经济成本的补偿效应。

表 6.6　　稳健性检验：更换被解释变量和缩尾处理

变量	单位 CO_2 排放的工业经济成本 (1)	单位 PM 2.5排放的社会成本 (2)	主要变量的缩尾处理 (3)
生态转移支付	−0.0947*** (0.0111)	−0.0191* (0.0105)	−0.0895*** (0.0121)
常数项	−0.5110* (0.2670)	−3.1380*** (0.2930)	5.8490*** (0.2940)
控制变量	是	是	是
时间固定效应	是	是	是
地区固定效应	是	是	是
观测值	25314	25317	24663
拟合优度值	0.9090	0.9130	0.7800
县域数量	1853	1853	1848

注：括号内为聚类稳健标准误，*、*** 分别对应 10%、1% 的显著性水平。

7. 缩尾处理

离群值会对基础数据分析造成极大影响，因为均值、标准差、相关系数等重要参数统计值均对离群值有较高的敏感度。为避免离群值对基准回归结果造成偏误，本部分采用双侧缩尾处理，将变量中小于 2.5 百分位的数值和大于 97.5 百分位的数值替换为 2.5 百分位数值和 97.5 百分位数值，回归结果如表 6.6 所示。与基准回归中列（2）结果对比，表 6.6 中的列（3）结果表明，在显著性未发生变化的情况下，回归系数的绝对值比基准回归的稍大。这并不影响基准结果，即生态转移支付政策会降低该区域碳生产率，促进该地区二氧化碳的排放，造成单位碳排放的经济损失。

6.4.3 异质性分析

1. 生态异质性

由于“胡焕庸线”① 能够表征中国区域生态承载力的差异，因此，本部分将“胡焕庸线”与区域生态承载力、生态环境质量综合考虑，以“瑷珲—腾冲线”（胡焕庸线）和与“胡焕庸线”平行的“烟台—河池线”作为“生态中部”与“生态东部”的分界线，按照生态承载力大小，可以将中国划分为生态东部、生态中部和生态西部。表6.7展示了不同生态区域中，生态转移支付对碳生产率效应的异质性影响。总体来看，生态转移支付显著降低碳生产率的基准结果没有变，且效率损失由大到小依次是生态西部 > 生态东部 > 生态中部。生态转移支付本质上是中央财政以均衡性转移支付的形式给予该地区发展机会成本和保护支出成本的补偿。生态西部是生态承载力最脆弱的区域，其生态系统功能的自我维持和调节能力较弱，为了保护生态环境丧失了大量的机会成本，故而生态西部的碳生产率极易受生态财政转移支付政策的影响。

表6.7　　　　异质性分析：生态承载力

变量	生态东部碳生产率		生态中部碳生产率		生态西部碳生产率	
	(1)	(2)	(3)	(4)	(5)	(6)
生态转移支付	-0.0426** (0.0190)	-0.0433*** (0.0166)	0.0151 (0.0163)	-0.0412*** (0.0143)	-0.0753** (0.0301)	-0.0641** (0.0285)
常数项	8.6920*** (0.0019)	5.9160*** (0.5400)	8.2620*** (0.0024)	3.8200*** (0.3470)	7.8900*** (0.0112)	8.6850*** (0.6550)

① 1953年，地理学家胡焕庸发表的《中国人口之分布》提出自黑龙江瑷珲向西南至云南腾冲，即瑷珲—腾冲线，后被学术界称为“胡焕庸线”。“胡焕庸线”将全国分为东南和西北两部，揭示了中国人口分布规律：东南部人口约占全国总人口96%，西北部人口仅占全国总人口4%。

续表

变量	生态东部碳生产率		生态中部碳生产率		生态西部碳生产率	
	(1)	(2)	(3)	(4)	(5)	(6)
控制变量	否	是	否	是	否	是
时间和地区固定效应	是	是	是	是	是	是
观测值	7224	7112	14686	14324	4075	3851
拟合优度值	0.9430	0.9600	0.9300	0.9580	0.8900	0.9080

注：括号内为聚类稳健标准误，** 、*** 分别对应5%、1%的显著性水平。

2. 经济异质性

按照不同区域的社会经济发展情况和未来发展战略，可以将中国划分为东北部、东部、中部和西部四大地区。[①] 不同经济区域，生态转移支付对碳生产率的影响是否存在差异？结果如表6.8所示。其中，东北部和中部地区受补助县区与未受补助县区的碳生产率不存在显著差异，而东西部地区受生态转移支付的影响较为明显。从列（4）和列（8）可以看出，东部和西部受补助地区的碳生产率显著低于未受补助地区，且西部地区的效率损失大于东部地区。与其他地区相比，西部地区的社会经济发展稍显不足，为保护生态环境丧失发展的机会成本损失严重，对生态转移支付政策更加敏感。

表6.8　　异质性分析：经济发展区域

变量	东北部		东部		中部		西部	
	(1)	(2)	(3)	(4)	(5)	(6)	(7)	(8)
生态转移支付	-0.0550* (0.0328)	0.0157 (0.0241)	-0.0310 (0.0228)	-0.0488** (0.0220)	-0.0129 (0.0226)	-0.0264 (0.0179)	-0.118*** (0.0208)	-0.117*** (0.0189)

① 2011年，国家统计局将中国的经济区域划分为东部、中部、西部和东北四大地区。其中，东部包括北京、天津、河北、上海、江苏、浙江、福建、山东、广东、海南；中部包括山西、安徽、江西、河南、湖北、湖南；西部包括内蒙古、广西、重庆、四川、贵州、云南、西藏、陕西、甘肃、青海、宁夏、新疆；东北包括辽宁、吉林、黑龙江。

续表

变量	东北部		东部		中部		西部	
	(1)	(2)	(3)	(4)	(5)	(6)	(7)	(8)
常数项	8.071*** (0.0067)	1.863*** (0.6480)	8.494*** (0.0013)	4.796*** (0.6280)	8.371*** (0.0032)	4.285*** (0.4070)	8.258*** (0.0052)	6.362*** (0.5490)
控制变量	否	是	否	是	否	是	否	是
时间固定效应	是	是	是	是	是	是	是	是
地区固定效应	是	是	是	是	是	是	是	是
观测值	2002	1980	6482	6439	6874	6737	10627	10131
拟合优度值	0.9030	0.9660	0.9470	0.9660	0.9500	0.9680	0.9190	0.9390

注：括号内为聚类稳健标准误，*、**、***分别对应10%、5%、1%的显著性水平。

6.4.4　调节作用分析

1. 金融政策的协同

财政政策与金融政策有各自的运行体系，但是在生态环境领域，如果单独依靠财政政策推动生态环境保护将面临资金缺口大、不可持续的困境。一方面，作为自然资本的“绿水青山”具有相应的经济属性，通过一定的经济核算方法，即可量化其具体的经济价值量。以经济价值为基础，通过一定的产业或产权等经济运作，可以将自然资本转化为金融资本，进而产生更高的经济价值。另一方面，用金融手段治理环境污染和碳减排，能够有效改善环境质量，应对气候变化，更能以较低的成本推动生态资源开发，促进资源的高效利用，带动产业转型升级，最终实现经济社会全面绿色低碳转型。因此，财政政策与金融政策的有效协同，不仅能有效降低碳减排的经济成本，甚至能够将生态优势转化为经济优势，带来生态经济收益，促进碳生产率的提升。因此，本部分以县域银行年末贷款余额作为金融政策的代理变量，探究金融在降低污染排放成本的过程中所扮演的角色。在模型（6.1）的基础上，加入县域金融变量 lnfinance，并构建如下模型：

$$\begin{aligned} lnscc_{it} = \beta_0 + \beta_1 ecotransfer_{it} + \beta_2 lnfinance_{it} + \beta_3 ecotransfer_{it} \\ \times lnfinance_{it} + \sum \beta_4 controls_{it} + \mu_i + \lambda_t + \varepsilon_{it} \end{aligned} \tag{6.2}$$

其中，$lnfinance_{it}$表示县域 i 在 t 年的年末各项贷款余额，贷款余额做对数处理，余额越多表明该地区金融环境越宽松，越有利于将自然资本转化为经济价值。其余变量与模型（6.1）中的变量含义相同。回归结果如表 6.9 所示。

表 6.9　　　　调节效应：财政金融协同效应

变量	碳生产率	
	(1)	(2)
生态转移支付	-0.673*** (0.111)	-0.743*** (0.104)
县域金融	0.00812 (0.0105)	-0.0596*** (0.00996)
生态转移支付#县域金融	0.0487*** (0.00883)	0.0531*** (0.00826)
常数项	8.232*** (0.132)	5.830*** (0.310)
控制变量	否	是
时间固定效应	是	是
地区固定效应	是	是
观测值	25900	23212
拟合优度值	0.928	0.951

注：括号内为聚类稳健标准误，*** 对应 1% 的显著性水平。

首先，生态财政转移支付政策降低碳生产率的基准结果再次得到验证，这在一定程度上证明了生态领域的财政政策难以实现环境改善和经济增长的双重目标。其次，相对宽松的金融环境也能显著降低该地区单位碳排放的社会成本，具体表现为金融贷款余额每增加 1 单位，单位碳排放的社会成本就降低约 6 个百分点。更重要的是，有金融政策的加持，生态财政转移支付政策的效果突破了减排成本的降低，甚至带来了经济收益，促进了碳生产率的提升。这说明财政金融的有效协同能够更好实现有效市场和有为政府的结合，缓解生态保护与经济发展的两难困境。

2. 财政自主度的调节

理论上，财政分权水平越高的地区，其自由支配财政资金的权力越大，越能灵活配置资源，以较小的成本实现生态产品的经济价值。为了进一步分析财政分权的调节作用，本部分在模型（6.1）的基础上引入财政分权变量，构建如下方程：

$$\begin{aligned}\mathrm{lnscc}_{it} = \beta_0 + \beta_1 \mathrm{ecotransfer}_{it} + \beta_2 \mathrm{decentralize}_{it} + \beta_3 \mathrm{ecotransfer}_{it} \\ \times \mathrm{decentralize}_{it} + \sum \beta_4 \mathrm{controls}_{it} + \mu_i + \lambda_t + \varepsilon_{it} \qquad (6.3)\end{aligned}$$

其中，$\mathrm{decentralize}_{it}$表示县域 i 在 t 时期的财政分权水平，用财政收入占财政支出的比值表示，比值越大说明财政自主度越高，财政分权水平也越高。表 6.10 的回归结果表明财政自主度能够调节生态转移支付对碳生产率的抑制，受生态补助的地区，财政自主度越高其减排带来的收益也越高。这一结论表明，在生态环境领域，财政政策的有效性可以通过财政分权水平进一步提高，但应注意，不能给予县域过高的财权，以避免财政资金监管不到位的情形，反而扭曲财政政策效果。

表 6.10　　　　调节效应：财政自主度的调节效应

变量	碳生产率	
	(1)	(2)
生态转移支付	-0.124*** (0.0234)	-0.146*** (0.0199)
财政自主度	0.129* (0.0749)	0.0312 (0.0323)
生态转移支付#财政自主度	0.321*** (0.114)	0.324*** (0.0862)
常数项	8.293*** (0.0229)	5.845*** (0.316)
控制变量	否	是
时间固定效应	是	是
地区固定效应	是	是
观测值	25950	25287
拟合优度值	0.929	0.949

注：括号内为聚类稳健标准误，*、*** 分别对应 10%、1% 的显著性水平。

6.5 本章小结

碳生产率是衡量环境和经济共同发展的效率指标，重点生态功能区转移支付政策是以保护环境和改善民生为目标的环境财政政策。判断重点生态功能区转移支付政策是否实现生态经济协同的绿色发展，就可以转化为其能否提升碳生产率水平的问题。本章通过多期 DID 的方法，利用“依申请公开”的财政部数据，以 1857 个县区为样本，考察 2004 ~ 2017 年实施生态财政转移支付的县域与未实施生态财政转移支付的县域的碳生产率的变化，并讨论分析基准回归结果的生态异质性和经济异质性。同时，在财政金融协同以及财政体制改革的现实背景下，考察金融政策和财政自主度对生态转移支付政策效果的影响，主要结论如下所示。

（1）生态财政转移支付政策并未促进碳生产率提升。碳生产率内涵了只减少二氧化碳排放，未增加经济产出是无效率的；只增加经济产出，未考虑碳减排也是无效的。现有研究表明，生态财政转移支付政策能够显著减少重点生态功能区二氧化碳排放，而结合本章结论分析即表明，当前生态财政转移支付政策尚未实现绿色发展效应，甚至出现为了改善环境造成经济下行的缺乏政策效率的现象。这一基准回归结果通过了平行趋势检验、培根分解、剔除其他政策影响、更换被解释变量等一系列内生性检验，且证实具有长期性。

（2）生态财政转移支付对碳生产率的影响具有异质性。从生态异质性来看，生态西部地区在实施生态财政转移支付政策后，碳生产率下降较为明显；从经济异质性来看，西部地区在收到生态财政转移支付资金后，碳生产率下降也较为明显。这一结论与西部地区自然资源禀赋和经济发展基础有关，独特的地理环境和长期经济发展态势决定了西部地区对环境财政政策较为敏感。

（3）金融政策的协同能够提升碳生产率。金融是经济发展的润滑剂，能够降低经济运行的成本。生态财政转移支付政策具有明显的“输血”特征，其持续性和稳定性难以保证。金融政策的协同能够以较低的成本和较高的效率促进重点生态功能区生态资源的开发，促进绿色产业的转型升级，并实现经济社会全面绿色低碳转型。

（4）财政自主度能够调节生态转移支付政策对碳生产率的影响。财政资金的有限性决定了资金使用必须提高效率，财政自主度的提高表明其自由支配财政资金的权力越大，配置财政资金的灵活度越高。实证结果表明，财政自主度的提高能够逆转生态财政转移支付对碳生产率的抑制作用，较高的财政自主度反而能够实现生态财政转移支付对碳生产率的提高。

Chapter 7

第7章 生态转移支付的政策实践

现阶段，中国生态环境保护方面的投入主要依赖于中央及省级政府财政资金，其中以纵向转移支付为主，即由上级政府直接向下级政府转移支付，但是这种转移支付方式的市场化运作手段相对单一，资金来源匮乏，筹资渠道单一。虽然纵向转移支付由中央财政直接拨款，但由于该笔拨款方向性较强，在地方生态功能区的建设中，容易有资金分配不合理、资金利用效率低下等问题出现。实证分析表明，当前纵向转移支付虽然能够改善收入分配，促进基本公共服务均等化，但资金的使用效率并未达到理想水平。此外，生态功能区大多是根据生态现状、生态服务功能以及生态敏感性等因素进行划分，存在较多的跨省（市）生态功能区，从而导致纵向的生态补偿转移支付难以保证跨界生态功能区区域间的协调发展，特别是在中西部部分经济发展相对滞后的地区中，往往会出现“穷经济”与“富生态”并存等现象，而横向生态转移支付可以更好地解决此类问题。本章基于新安江流域生态补偿及安徽省典型案例，分析横向生态财政转移支付的现状和效果，以丰富“纵向+横向”生态财政转移支付的研究框架。

7.1 生态转移支付的典型案例分析——以新安江流域为例

新安江流域生态补偿是中国第一个跨省流域的生态补偿试点，自2011年启动以来便受到极大的重视。财政部和原环保部联合出台《新安江流域水环境补偿试点实施方案》（2011）并发布《关于签署安徽省人民政府 浙江省人民政府关于新安江流域水环境补偿协议的通知》（2012），安徽省生态环境厅和财政厅联合发布《新安江流域生态环境补偿资金管理暂行办法》（2011），安徽省财政厅发布《新安江流域水环境补偿资金绩效评价管理办法》（2012）等。该系列方案通知明确了生态补偿考核层面、监测指标、补偿指数测算办法以及补偿资金和资金管理办法等。本节将详细剖析新安江流域生态转移支付的资金安排。

7.1.1 新安江流域纵向转移支付财政资金

习近平总书记亲自倡导和推行的生态文明先行探索地——新安江流域，是中国首个跨省流域生态补偿机制的试验田，更是习近平生态文明思想的重要实践地。黄山市休宁县六股尖是新安江流域的发源地，新安江流域是安徽省第三大水系，也是入境浙江省最大的河流。流域总面积11452.5平方公里，干流总长359公里，其中安徽境内干流长242.3公里、占67.5%，出境水量占千岛湖年均入库水量60%以上。[①] 新安江流域共覆盖安徽省8个县区，包括黄山市7个县区和宣城市的绩溪县，具体

① 黄山：生态文明建设的“新安江实践”［N］. 黄山日报，2022-07-19.

如表 7.1 所示。

表 7.1　　新安江流域安徽省境内范围

地市	县区
黄山市	屯溪区、黄山区、徽州区、歙县、休宁县、黟县、祁门县
宣城市	绩溪县

中央、安徽和浙江在新安江流域实施了全国首个跨省流域生态补偿试点政策，按照《新安江流域水环境补偿试点实施方案》和《新安江流域上下游横向生态补偿试点实施方案（2015—2017）》中资金拨付的要求，新安江流域水环境补偿试点的财政资金采用专项转移支付的形式，并由中央财政、浙江省和安徽省级财政共同投入支付给上游黄山市和绩溪县。2010～2017 年，中央财政及浙江省、安徽省两省共拨付转移支付资金 39.5 亿元，其中，中央财政 20.5 亿元，浙江省 9 亿元，安徽省 10 亿元。[①] 从收入口径来看，黄山市各区县 2010～2020 年收到的上级政府的转移支付资金如表 7.2 所示。歙县和休宁县作为流经区域面积较大的区域分别收到约 7.3 亿元和 4.2 亿元。

表 7.2　　2010～2020 年黄山市各区县收到的财政转移资金　　单位：万元

区县	2010年	2011年	2012年	2013年	2014年	2015年	2016年	2017年	2018年	2019年	2020年	合计
屯溪区	10	360	405	1147	761	45	62	514	71	1197	1304	5876
黄山区	10	360	405	1147	761	45	62	514	71	1197	1304	5876
徽州区	0	1972	4902	2770	5504	1375	1350	750	749	7967	2225	29562
祁门县	0	372	773	377	231	71	109	356	388	977	973	4626
黟县	0	1407	1864	3308	3015	967	733	907	361	1710	1159	15432
休宁县	0	3482	4011	7005	7759	1425	1976	2312	1370	7692	5206	42239
歙县	0	3888	7259	10739	11103	4165	5731	6418	4094	14869	4823	73089

资料来源：2021 年黄山市新安江保护局实地访谈数据，访谈问卷如附表 7 - B 所示。

① 王东．新安江模式的回顾与展望［R］．2018 - 12 - 03.

7.1.2　新安江流域横向转移支付财政资金

横向转移支付主要涉及安徽省和浙江省两地。第一轮生态补偿试点实施于2012～2014年，补偿涉及的主体为中央政府和安徽省、浙江省地方政府；补偿资金为每年5亿元额度，其中：中央财政提供资金3亿元，皖、浙分别提供资金1亿元；补偿标准按照《地表水环境质量标准》，以高锰酸盐指数、氨氮、总磷和总氮四项指标常年年平均浓度值为基本限值，测算补偿指数P，如果P≤1，则浙江省将1亿元资金拨付给安徽省，如果P>1或者新安江流域安徽省界内出现重大水污染事故，则安徽省将1亿元资金拨付给浙江省，无论以上何种情况，中央财政资金全部拨付给安徽省。第二轮生态补偿试点工作实施于2015～2017年，补偿涉及的主体仍为中央政府和安徽省、浙江省两地方政府；补偿资金额度发生变化，中央政府财政资金按照4亿元、3亿元、2亿元的方式，实行退坡式补助，皖、浙每年各出资2亿元；补偿标准实行分等级补助，若0.95<P≤1，浙江省给安徽省1亿元补偿资金，若P≤0.95，浙江省再拨付1亿元补偿资金给安徽省，若P>1或新安江流域安徽省段发生重大水污染事故，安徽省支付给浙江省1亿元补偿资金。第三轮生态补偿试点工作实施于2018～2020年，补偿涉及的主体主要为安徽省、浙江省两地方政府；补偿资金额度为安徽省、浙江省每年各出资2亿元；补偿标准不变，但四项指标的权重发生变化，由原来的各自0.25调整为0.22、0.22、0.28、0.28，水质稳定系数也提高到了0.9①，其他不变，具体如表7.3所示。

---

① 补偿指数 $P = K_0 \times \sum_{i=1}^{4} K_i \frac{\rho_i}{\rho_{io}}$。其中，P为街口断面的补偿指数；$K_0$ 为水质稳定系数，第一轮、第二轮、第三轮的 K_0 分别取值为0.85、0.89、0.9；K_i 为高锰酸盐指数、氨氮、总磷和总氮四项指标权重系数，第一轮和第二轮为四项平均取值0.25，第三轮有所调整分别取值0.22、0.22、0.28、0.28；ρ_i 为某项指标的年均质量浓度值；ρ_{i0} 为某项指标的基本限值。

表 7.3　　新安江流域生态补偿横向转移支付资金演变

年份	补偿主体	补偿资金	补偿标准		补偿方式
			补偿依据	补偿指数 P	
第一轮：2012～2014 年	中央政府、地方政府（安徽省、浙江省）	中央政府每年 3 亿元，安徽省、浙江省两省每年各 1 亿元	《地表水环境质量标准》	$K_0=0.85$；K_i 均取值 0.25	中央财政资金固定拨付，两省根据补偿指数拨付
第二轮：2015～2017 年	中央政府、地方政府（安徽省、浙江省）	中央政府各年分别补助 4 亿元、3 亿元、2 亿元，安徽省、浙江省两省每年各 2 亿元	《地表水环境质量标准》	$K_0=0.89$；K_i 均取值 0.25	中央财政资金退坡式补助，两省根据补偿指数分档拨付
第三轮：2018～2020 年	地方政府（安徽省、浙江省）	安徽省、浙江省两省每年各 2 亿元	《地表水环境质量标准》	$K_0=0.9$；$K_1=0.22$，$K_2=0.22$，$K_3=0.28$，$K_4=0.28$	两省根据补偿指数拨付

资料来源：首个跨省流域生态补偿试点两轮　新安江成为水质最好河流之一［EB/OL］．新华社，2018－08－01；新安江流域上下游横向生态补偿试点完成第三轮续约［EB/OL］．新华社，2018－11－02.

7.1.3　新安江流域生态转移支付资金使用安排

生态转移支付专项资金仅供于新安江流域水环境保护和水污染治理使用。具体包括：流域生态保护规划编制、环保能力建设、上游地区涵养水源、环境污染综合整治、工业企业污染治理、农业面源污染治理（含规模化畜禽养殖污染治理）、城镇污水处理设施建设、工业经济园区建设补助、关停并转企业补助、生态修复工程及其他污染整治项目等。重点用于安徽省、浙江省两省交界地区农村污水处理、垃圾集中处理、污水处理厂提标改造等工作。具体来看，按照《资金管理暂行办法》，黄山市财政局和环保局在收到安徽省财政厅、环保厅下达的新安江财政资金后，将资金拨付给市城投公司，并以项目资金计划的形式下达给各区县财政、环保和市直项目部门。其中，屯溪区、徽州区、黟县和歙县财政局对转移支付资金实行报账制，并分账核算；黄山区、休宁县、祁门县财政局根据项目将财政资金拨付给项目单位或乡镇财政所，补偿资金实施的项目实行绩效考评制度。

7.2 新安江流域生态转移支付政策效果分析

新安江流域生态保护补偿试点自2011年正式启动实施以来，历经三轮试点，流域生态环境早已是“旧貌换新颜”。流域生态转移支付是否达到预期？是否兼顾保护环境和改善民生？立足新阶段，重新审视新安江流域生态转移支付对上游黄山市的影响，系统评估财政补偿资金的使用效果，对下一阶段生态转移支付政策的制定和完善极具现实意义。本部分仍旧保持生态转移支付的财政职能分析框架，从收入分配、基本公共服务和生态经济协调发展三个维度构建评价指标体系，利用CSMAR数据库、黄山市统计年鉴和安徽省统计年鉴以及中国县域统计年鉴，评估新安江生态转移支付的政策效果。其中，评估新安江流域生态转移支付政策涉及的指标释义如表7.4所示。

表7.4 新安江生态补偿横向转移支付效果的评价指标体系

政策目标	指标	计算公式	单位
提升基本公共服务	教育公共服务	科教财政支出/财政总支出	%
	医疗卫生公共服务	卫生人员数量/总人口	人/每万人
	基础设施公共服务	道路建设面积/总人口	平方米/每万人
	社会保障公共服务	职员平均工资	元/人/年
调节收入分配	农村人均可支配收入	农村可支配收入/农村人口	元/年/人
	上下游可支配收入差距	上游农村人均可支配收入 - 下游农村人均可支配收入	元/年/人

续表

政策目标	指标	计算公式	单位
实现绿色发展	碳生产率	国内生产总值/CO_2 排放量	万元/吨
	工业废水生产率	国内生产总值/工业废水排放量	万元/吨
	产业结构变化	各类产业产值/国内生产总值	%

作为生态转移支付的典型案例，新安江流域生态补偿是“绿水青山”向“金山银山”转化的重大创新，政策要求全民共商共建共治，发展成果全民共享。全民共享的关键是基本公共服务水平、居民收入水平普遍提高，绿色经济蓬勃发展。本部分利用教育公共服务水平、医疗卫生和基础设施服务水平、社会保障服务水平、上游农村人均可支配收入占城镇人均可支配收入、上下游农村人均可支配收入差距等指标分析新安江流域生态转移支付的政策效应。但若要深入探究生态补偿试点对黄山市的政策效应，单从时序角度纵向比较难以说明其作用效果，还需从市际角度横向比较。皖南七市①地缘相邻、资源相近、文化相通，初始要素禀赋差别不大，在较小地理范围内既有经济强市，也有文旅大市，且均位于安徽省，其政策施行情况大致相同，将黄山市置于皖南七市中进行比较将更有说服力。因此，本部分从上游黄山市各指标时序变化、上下游对比变化以及相邻市区空间变化等多角度分析生态转移支付的政策效果。

7.2.1 提升基本公共服务方面

1. 科学教育基本公共服务

根据前文分析，生态补偿的政策效应能够体现在基本公共服务水平

① 根据《皖南国际文化旅游示范区建设发展规划纲要》，皖南范围包括黄山、池州、安庆、宣城、铜陵、马鞍山、芜湖七市。

方面。图7.1绘制了皖南七市科学类和教育类财政支出占比变化图，根据皖南七市对比来看，上游黄山市科学类财政支出占比总体较低，2010年之前占比不超过2%，2010年后占比上升至2%以上，2018年突破3%，虽然呈现上升趋势，但在皖南7市中水平较低，仅高于安庆市、池州市，远低于芜湖市，也明显低于马鞍山市、铜陵市和宣城市，特别是在2011年以后，黄山市科学类财政支出占比增速明显放缓。同样的问题还出现在教育类财政支出占比上，黄山市教育类财政支出占比自2003年以后总体呈现下降趋势，相比皖南其他5市水平较低，2012年以后，其他城市教育类财政支出占比稳定在15%左右，而黄山市为其他城市水平的2/3，

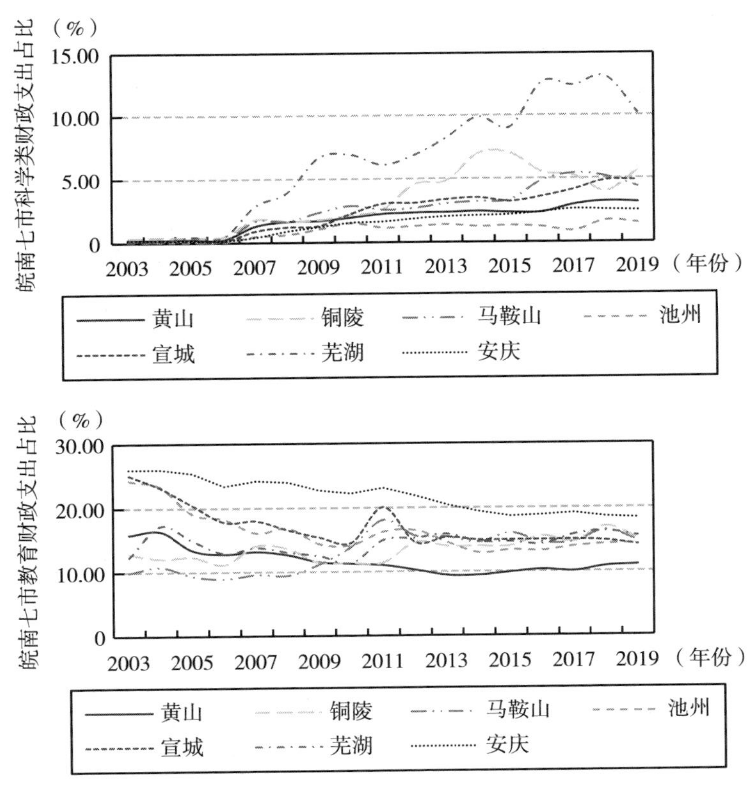

图7.1　皖南七市科教类财政支出占比变化

资料来源：《安徽省统计年鉴》（2004～2020年）。

仅为10%左右。财政支出结构的差异直接影响为社会经济活动提供高效充足的公共服务水平，而科教类财政支出的不足或许会受制于包含节能环保类在内其他财政支出的越位。

2. 医疗卫生和基础设施公共服务水平

在医疗和基础设施方面，以每万人卫生技术人员数量和人均道路面积两个指标来表示黄山市医疗和基础设施公共服务水平变化趋势，变化趋势如图7.2所示。从医疗卫生来看，每万人卫生技术人员数量总体呈现上升趋势，从2003年的30人左右上升至2019年的接近70人，医疗保障水平进步明显，自2012年以后，该指标上升速度显著下降，且失速持续到2019年。从基础设施来看，人均道路面积虽然有一定程度的波动，但也从2003年人均不足5平方米上升到2019年的人均超过25平方米，基础设施建设得到长足的发展。然而，该指标与医疗水平指标的变化类似，2011年之后基础设施发展水平面临增速换挡的困境，增速明显下跌，这

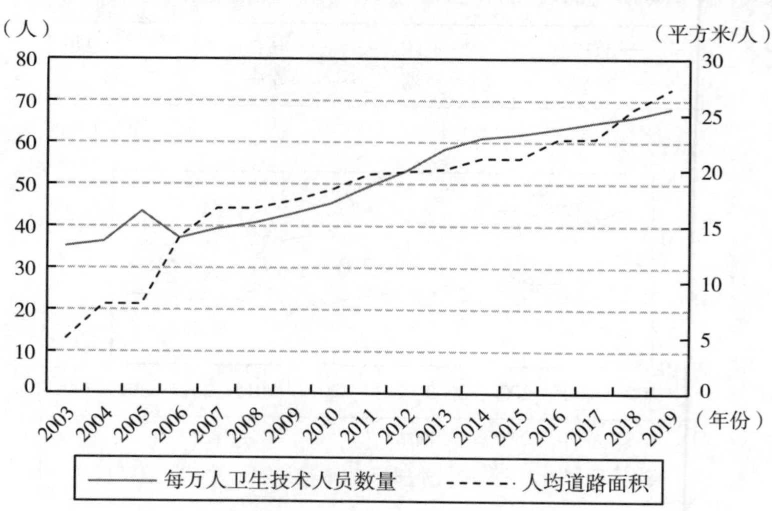

图7.2　黄山市每万人卫生技术人员数量和人均道路面积变化

资料来源：《黄山市统计年鉴》（2004～2020年）。

一困境在2017年之后得到改善，增速重回正轨。医疗卫生和基础设施水平变化趋势表明，该项基本公共服务水平虽有上升，但在生态补偿试点之后，上升速度明显放缓，上升压力显著增加，这可能与基本公共服务财政资金被环境保护支出挤占相关。

3. 社会保障公共服务水平

在职工平均工资方面，图7.3显示，自2003年以来，黄山市职工平均工资水平稳步上升，从2003年的1万元左右上涨至2019年的接近8万元，取得了显著进步和发展。但若从增长率来看，职工人均工资增长率却呈现波动下降态势，特别是在2011年以后，职工平均工资增长速率明显动力不足、增长乏力，表现出一定的增速滑坡。2019年职工平均工资增速甚至不足5%，居民收入水平提升失速。结合科学教育、医疗卫生和基础设施等基本公共服务指标，充分说明当地居民并未完全享受到生态转移支付促进基本公共服务水平提升带来的切实成果。

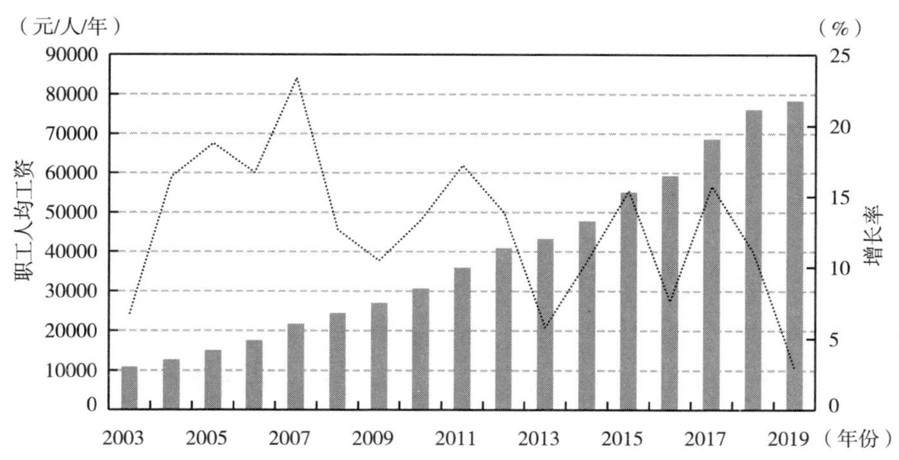

图7.3 黄山市职工人均工资及增长率

资料来源：《黄山市统计年鉴》（2004～2020年）。

7.2.2 调节收入分配方面

1. 上游农村人均可支配收入占城镇人均可支配收入比值

黄山市作为新安江流域的上游区域，其农村人均可支配收入占城镇人均可支配收入的变化如图 7.4 所示。图中上游农村人均可支配收入不断增加，与城镇人均可支配收入的差距逐渐缩小，即表明上游城乡收入差距呈明显的改善态势。但是，自 2012 年生态补偿第一轮试点以后，农村与城镇人均可支配收入比值有所调整，具有明显波动下降的趋势走向。这种波动在 2016 年更加明显，表现为城乡收入差距明显增加。理论上，基于“谁保护谁受益”的原则，生态补偿政策能够将财政资金拨付给保护流域生态环境的上游居民，上游农村人均可支配收入受益于环境改善获得增长，而实际上游农村人均可支配收入占比偶有下降，原因跟上游严格的环境管制导致农村居民收入源发生变化有关。为了改善流域水环境质量，黄山市关闭搬迁两岸 124 家禁养区规模畜禽养殖场，实施全流域禁捕。据调查，退养居民户均年减少 2 万元[①]，为环境治理做出了较大牺牲。此外，为推行农业面源污染防治，黄山市采取统一农药集中配送的方式，流域上游禁止化肥农药的使用，如此造成的农作物价值短暂下降也会影响农村人均可支配收入。总的来说，2016 ~ 2017 年所呈现的农村人均可支配收入占比下降的趋势，跟严格的环境管制相关，但这并不影响农村人均可支配收入占比的整体增长趋势。

---

① 资料来源：2022 年 6 月 25 日黄山市社科联党组书记、主席汪明洁题为《生态文明体制机制改革创新之“新安江模式”——共治共赢共富的样板和典范》的大会发言。

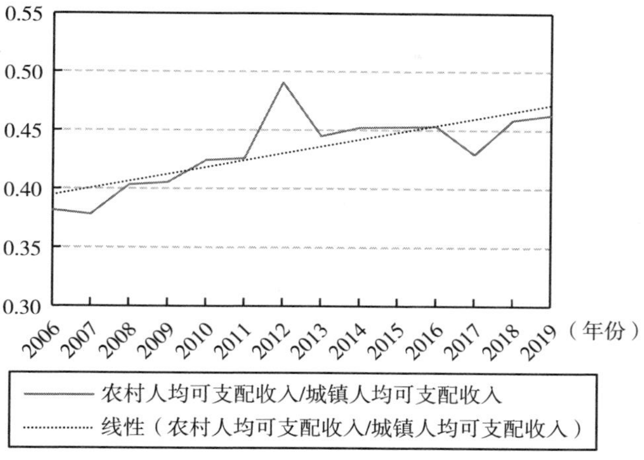

图 7.4　新安江上游农村占城镇居民人均可支配收入趋势

资料来源：《黄山市统计年鉴》（2007～2020年）。

2. 上下游农村人均可支配收入差距

转移支付作为第三次分配旨在缩小收入差距，促进共同富裕。生态补偿本质上是上游给下游提供优良的水质等生态条件，同时下游反哺上游财政资金改善居民经济生活水平，由此缩小上下游收入差距。图7.5展示了2006～2019年上下游收入差距变化，变化趋势可分为两个阶段。第一阶段：2006～2011年，上下游农村人均可支配收入变化呈平行上升趋势，下游杭州市经济发展水平稳定高于上游黄山市。第二阶段：2012～2019年，新安江上下游农村人均可支配收入差距不断扩大，下游杭州市农村人均可支配收入有较大幅度增加，上游黄山市农村人均可支配收入呈现疲软态势，差距凸显，这一结果与政策目标不甚相符。事实上，三轮试点以来，黄山市投入新安江流域治理资金200多亿元，但得到的补偿仅51亿元，与上游地区污染治理成本严重不对等，难以弥补上游居民为保护生态环境造成的机会成本，甚至呈现出上下游收入差距逐渐拉大的“马太效应”。值得注意的是，若生态补偿标准不加以调整，不全面考虑上游为保护生态环境造成的显性和隐性成本，上下游的经济发展差距可能会进一步拉大。

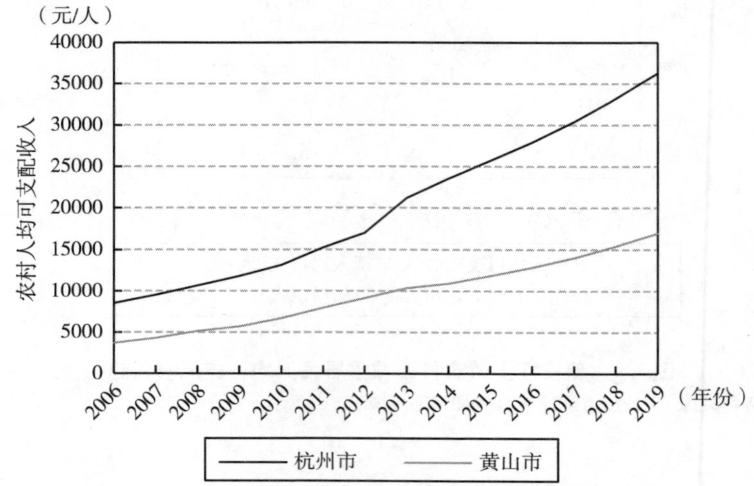

图 7.5　新安江上下游农村居民人均可支配收入差距变化

资料来源：《黄山市统计年鉴》（2007～2020 年）和《杭州市统计年鉴》（2007～2020 年）。

7.2.3　实现绿色发展方面

1. 碳生产率

在低碳发展方面，黄山市四县①二氧化碳生产率变化如图 7.6 所示。总体来看，各县碳生产率不断下降，这说明黄山市单位二氧化碳排放的 GDP 产出水平在下降。然而，以 2012 年为转折点，2012 年之后碳生产率有上升趋势，若时间长度延长，可以发现碳生产率呈现宽口较大的正“U”型变化。四县中，黟县碳生产率变化最明显，其下降幅度和上升幅度明显高于其他县域。休宁县作为新安江的发源地，降幅和升幅均高于

① 黄山市四县指祁门县、歙县、休宁县和黟县，其中休宁县是新安江流域的发源地。

歙县，却低于其他县，碳生产率从2003年2.79万元/吨下降至2012年0.71万元/吨再上升至2017年0.87万元/吨。图形和数据表明，随着政策时间的延长，生态转移支付能够缓解碳生产率下降的局面，实现在降低碳排放同时兼顾经济发展。

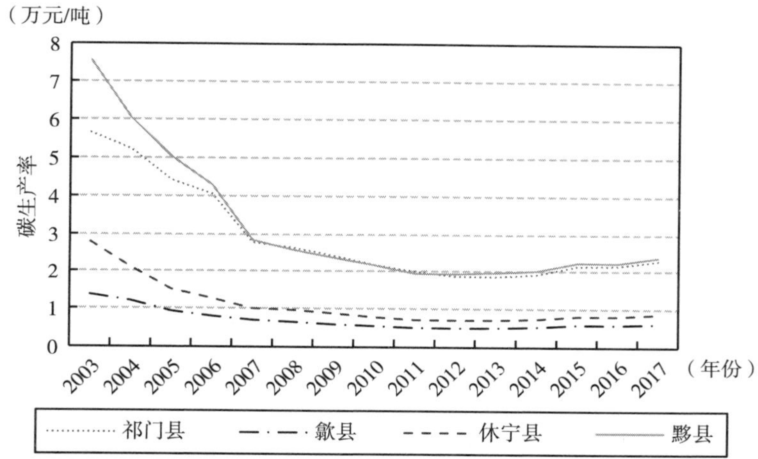

图7.6 黄山四县碳生产率“U”型变化趋势

资料来源：CO_2数据源于陈建东团队发布的《County-level CO_2 emissions and sequestration in China during 1997～2017》，GDP数据源于《中国县域统计年鉴》（2004～2018年）。

2. 工业废水生产率

新安江流域横向转移支付政策对水质要求较高，本部分重点围绕工业废水展开分析，其中工业废水生产率借鉴碳生产率，用国内生产总值比工业废水排放量衡量，可以反映每单位工业废水排放的GDP产出，黄山市工业废水生产率变化如图7.7所示。以2010年为转折点，黄山市工业废水生产率在转折点之前低位平稳运行，转折点后生产率迅速上升，至2014年略有下降，但整体呈大幅上升趋势。这是由于上下游以水质为补偿依据，水质的变化在环境效益中最为明显，且每一轮试点水质的标准具有差异性，导致工业废水生产率也呈现波动变化。

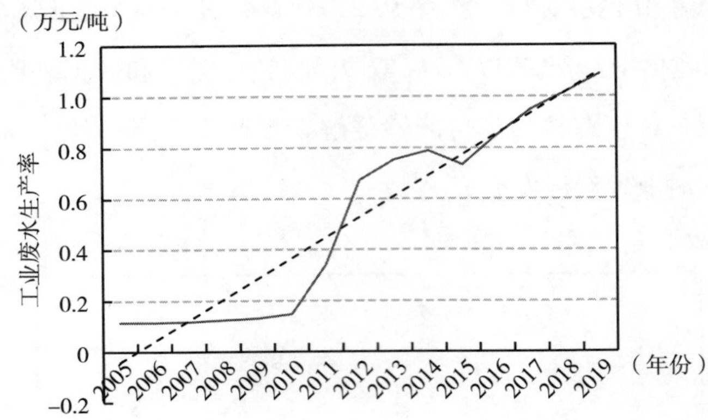

图 7.7　黄山市工业废水生产率变化

资料来源：《安徽省统计年鉴》（2001～2020 年）。

根据皖南七市数据的对比（见图 7.8），黄山市工业废水生产率在皖南七市中处于较高水平，在一定程度上验证了黄山市实现的是不以牺牲环境、破坏资源为代价的“绿色 GDP”。2010 年以后，各城市工业废水生产率均呈现上升趋势，但黄山市和芜湖市明显大幅上升。2012 年前后，不少城市均出现工业废水生产率下降的情况，而黄山市仍旧呈现出较强的上升态

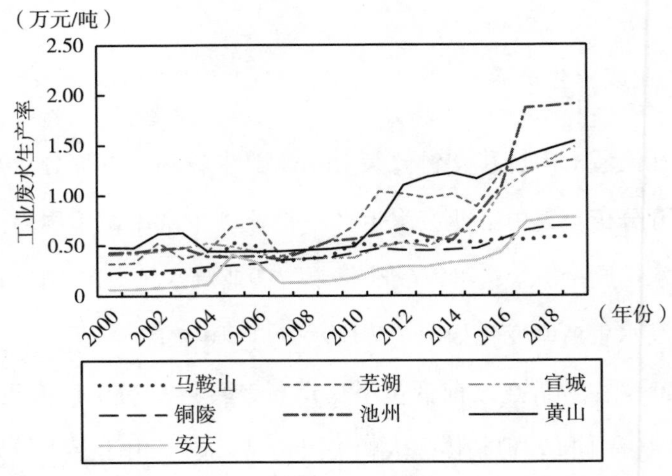

图 7.8　皖南七市工业废水生产率对比变化

资料来源：《安徽省统计年鉴》（2001～2020 年）。

势，且明显高于皖南其他城市。这说明推进生态补偿横向转移支付政策有效提升了黄山市工业废水生产率指标，带来水质和经济的双重优化。

3. 产业结构的变化

从图7.9所绘的黄山市产业结构变化图来看，上游黄山市第一产业占比总体呈现下降趋势，而第二产业占比先上升后下降，第三产业占比先下降后上升。第二产业和第三产业在2010～2014年完成比重次序的转换，从以第三产业为主转为以第二产业为主，再转为以第三产业为主的产业结构。尤其是2012年以后，第二产业占比迅速下降，第三产业比重迅猛提升。至2019年，黄山市第三产业占比已接近60%。可见，生态补偿对黄山市产业结构有较大影响，这也是受制于环境保护责任约束下的适应性措施。

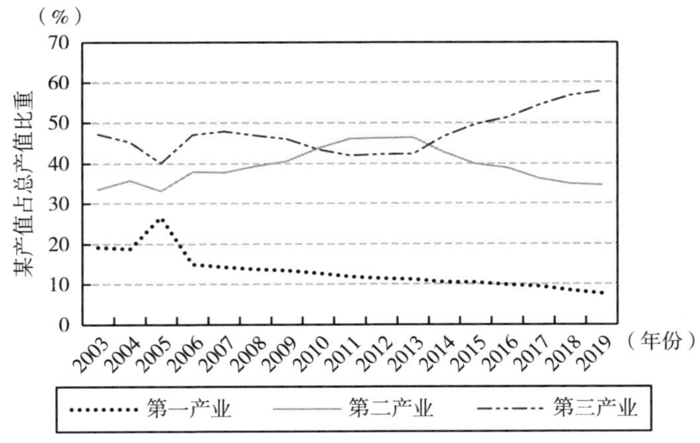

图7.9　黄山市产业结构趋势变化

资料来源：《黄山市统计年鉴》（2004～2020年）。

7.2.4　政策效果总结

1. 基本公共服务水平上升，增速压力明显

总的来看，生态补偿的受偿区其基本公共服务总量提升，但占财政

支出的比重和增长速度存在上升压力。根据访谈结果，生态财政转移支付资金所投入的环境治理和生态保护领域可能在一定程度上挤占了公共服务和民生事业的财政支出，造成黄山市相关财政支出占比低于皖南其他六市的现象。生态补偿所带来的社会效益共享路径还不畅通，无论是在教育基本公共服务领域还是在职工工资水平等方面，当地居民尚未充分享受到生态补偿横向转移支付带来的基本公共服务成果，基本公共服务均等化的实现任重道远。

2. 城乡收入分配效应较强，区域收入分配效应不显

上游黄山市和上下游收入分配数据对比分析发现，生态转移支付政策对上游（受偿区）城乡收入差距具有明显缓解作用，但在促进上下游农村人均可支配收入增长方面持续向好空间不足，在弥补上下游收入差距方面效果也不明显。目前来看，与实证分析结果类似，现有的生态财政转移支付仅仅发挥输血性功能，尚未形成稳定的造血机制，这会使得农村人均可支配收入虽有上升，但增速不高，上升态势疲软。同时，当前的生态财政转移支付标准不能精准体现因保护生态环境形成的直接成本和间接成本，难以弥补上游居民因保护生态环境造成的经济损失，进而导致上下游居民可支配收入差距不断拉大。

3. 碳生产率明显下降，政策效果随时间凸显

新安江生态转移支付对碳生产率的效应与实证分析结果一致，这证实了生态转移支付政策对碳生产率的负向作用。但是，从其他污染物排放效率来看，生态转移支付的效果较为明显，能够有效提升工业废水排放效率，实现了在不影响地区经济发展的情况下降低污染物排放的目标，同时兼顾了生态效益和经济效益。即对于流域水质等相关污染物排放，

转移支付效果是直接且明显的。但是对于二氧化碳等污染物排放，转移支付效果具有时滞性，随着政策实施时间越久，其政策效果才会凸显。

4. 绿色产业发展良好，产业结构有效改善

生态补偿改善了上游黄山市的产业结构布局，形成从以第二产业为主转向以第三产业为主的产业格局，有效带动了黄山市旅游业等第三产业的发展和旅游收入的提高。发展生态产业是黄山市突破传统经济发展模式，扭转自然资源不当消耗，实现绿色发展的重要途径。生态补偿在约束上游工业企业污染物排放的同时，提供财政资金和技术、产业等扶持，优化调整了产业结构，实现了生态价值向经济价值的转变，这为构建“纵向＋横向”生态转移支付政策体系提供良好的经验证据。

7.3 生态转移支付的应用推广
——以安徽省生态补偿为例

经过9年的具体实践，新安江流域生态补偿机制试点取得了较为丰硕的成果，形成了以习近平生态文明思想和总书记重要讲话指示批示精神为指引，以生态补偿机制为抓手，以生态环境保护为根本，以绿色发展为路径，以互利共赢为目标，以体制机制建设为保障的全国首个跨省流域生态补偿“新安江模式”。新安江街口（皖浙交界）断面水质常年达到或优于地表水河流二类标准，每年向千岛湖输送近70亿立方米清水[①]，是目前我国水质最好的河流之一，生态优势正在转化为发展优势。试点

① 一条江，打开人们思想文化空间——新安江生态补偿机制调查［N］. 人民日报，2023－08－30.

入选全国“改革开放40年地方改革创新40案例”[①]、安徽省改革开放40周年重点领域改革八大品牌[②]，为安徽省生态补偿工作提供了经验，并在全省多个领域复制推广。

7.3.1 实施大别山区水环境生态补偿

2014年，为确保安徽省会合肥市饮用水源（董铺水库、大房郢水库）水质安全，安徽省比照新安江模式，建立大别山区水环境生态补偿机制（上游为六安市、岳西县，下游为合肥市），根据跨市断面水质情况实施污染赔付和转移支付。每年设立补偿资金2亿元（自2023年提高至2.52亿元），其中省财政出资1.2亿元（自2017年提高至1.32亿元），合肥市、六安市各出资0.4亿元（自2023年提高至0.6亿元）[③]。补偿实施以来，跨市断面罗管闸水质全部达标，主要污染物指标保持稳定的同时有所降低，合肥市饮用水水质在全国大中型城市中名列前茅。

7.3.2 实施皖苏滁河流域生态补偿

2018年，为落实长江大保护要求，皖苏两省按照“谁超标谁补偿、谁达标谁受益”原则，在长江流域率先实施生态补偿横向转移支付。滁河生态补偿首次改变了以污染因子计算补偿的模式，改向实施以断面年

① 新安江上下游横向生态补偿机制成功入选“改革开放40年地方改革创新40案例”[EB/OL]. 中华人民共和国财政部，2018-12-27.

② 聚焦全面深化改革 安徽发布8项“改革品牌”[EB/OL]. 中国新闻网，2018-11-20.

③ 六安市人民政府办公室关于印发《六安市大别山区水环境生态补偿实施方案》的通知[EB/OL]. 六安市生态环境局，2016-07-16.

度水质达到Ⅱ类为标准进行补偿，考核方式更加简便，更容易体现“好水好价”原则。截至2021年底，滁河陈浅断面水质连续三年达到考核标准，水环境质量持续改善（其中2021年滁州市地表水环境质量改善幅度居全省第一），主要污染物浓度削减明显，皖苏两省两年累计财政资金1亿元（安徽省每年0.3亿元，江苏省每年0.2亿元）全部用于滁河流域水环境综合整治①。

7.3.3 实施全省地表水断面生态补偿

2018年，在充分总结“新安江经验”的基础上，省财政每年安排资金1.6亿元，在全省16市同步建立以市级横向补偿为主、省级纵向补偿为辅的地表水断面生态补偿机制，覆盖了长江、淮河干流及重要支流、重要湖泊的121个断面（2022年起拓展至188个断面）。地表水断面生态补偿结合国家考核要求及不同流域污染防治工作特点，按照不同水质类别差异化设置补偿标准，实施污染赔付和生态补偿“双向补偿”，补偿范围基本覆盖全省所有重要水体，层层传导奖惩压力。2019年，全省生态补偿断面水质提升累计500次，产生补偿金共2.87亿元；断面赔付因子超标111次，产生赔付金共0.9亿元②。全省断面水质总体改善，全省国考断面水质优良断面比例由71.7%提高至87.7%，劣Ⅴ类断面比例由2.8%下降为0，全省水环境质量达有监测记录以来最好水平。③

---

① 皖苏两省协同实施跨省流域生态补偿机制［EB/OL］. 中华人民共和国国家发展和改革委员会振兴司，2021-04-26.

② 共保联治 互利共赢 生态补偿“新安江模式”全面推广［N］. 安徽日报，2020-10-07.

③ 《2021年安徽省生态环境状况公报》新闻发布会［EB/OL］. 安徽省人民政府，2022-06-01.

7.3.4 建立长江流域跨省生态补偿机制

2019 年，皖苏两省在滁河流域生态补偿横向转移支付的基础上，积极推动建立长江流域横向生态保护补偿机制，成功签订《关于建立长江流域横向生态保护补偿机制的合作协议》(以下简称《协议》)。《协议》指出以滁河陈浅断面为考核断面，年度水质分别为Ⅱ类及以上、Ⅲ类时，江苏省分别补偿安徽省 4000 万元、2000 万元，补偿资金全部拨付滁州市；年度水质分别为Ⅳ类、Ⅴ类及以下时，安徽省分别补偿江苏省 2000 万元、3000 万元。此外，为充分考虑上游城市为保护水环境所付出的努力，当陈浅断面月度水质达到Ⅲ类及以上时，安徽省按月补助滁州市 300 万元。[①]《协议》为构建以生态环境质量改善为导向的横向转移支付作出了积极探索。

7.4 本章小结

本章以跨省流域新安江生态补偿为典型案例，结合流域上游各区县收到的纵向生态转移支付和省域间执行的横向生态转移支付资金，利用实地调研，深刻认识各项转移支付的资金安排和部门管理。基于市县统计数据，分析新安江生态补偿政策效果，结果表明新安江生态转移支付政策实践在基本公共服务总量、缩小城乡收入差距、污染物减排等方面的效果明显，在财政支出结构、基本公共服务增长速度、缩小区域收入差距等方面效果不尽如人意。通过走访环境和财政部门，总结梳理生态转移支付在安徽省的应用和推广方案。

① 皖苏两省长江流域首个跨省生态补偿协议落地［EB/OL］. 安徽省生态环境厅，2019-04-23.

Chapter 8

第8章 研究结论及政策建议

8.1 研究结论

面对生态环境保护与经济发展协同度不够，地方政府提供生态公共品动力不足的现实问题，本书在搭建生态财政转移支付的理论分析框架及国内外生态财政转移支付政策演化逻辑的基础上，以重点生态功能区纵向转移支付和新安江生态补偿横向转移支付为典型样本，利用丰富的宏观省级数据、微观县域数据以及个体数据，通过熵值法、主成分分析法等构建指标体系，综合运用博弈论模型、双向固定效应模型、多期双重差分模型等计量模型，结合案例调研等调查分析法，从收入分配、基本公共服务、绿色发展三个方面识别生态财政转移支付的政策效应。在理论、实证和实践的基础上，归纳总结生态财政转移支付的效果与不足，并结合新发展阶段面临的形势和任务，提出政策优化建议，具体结论有以下几个方面。

8.1.1 基本公共服务改善，警惕资金被挤占

生态转移支付政策能够提升基本公共服务水平，同时促进基本公

共服务均等化。基于县域面板数据分析，生态转移支付政策能显著提升医疗卫生等资金使用重点评估对象的基本公共服务水平，对于基础设施和生态绿化水平而言，生态转移支付效果具有时间趋势。同时，生态转移支付政策有效利用了边际效应递减规律，能够显著提升西部财力较弱地区和贫困地区的基本公共服务水平。生态转移支付与基本公共服务之间的作用机制有三条：一是通过中央财政资金的支持，较大程度改善了纵向财政失衡，提升了重点生态功能区地方政府财政能力；二是以财政收支缺口为计算公式的转移支付标准，弥补了财政横向失衡，激励地方政府提供基本公共服务的动力；三是监督考评机制的建立，明确限制了生态转移支付提升地方基本公共服务的政策目标，促使政策提升基本公共服务的精准性。然而，需要注意的是，结合新安江流域生态补偿的实践案例，政策目标的明确性会对生态转移支付资金的使用效果造成直接影响。当生态转移支付政策未明确提升基本公共服务政策目标时，会导致财政资金被挤占，反而忽略了基本公共服务的建设。

8.1.2 收入分配效应较强，但造血能力不足

生态转移支付政策具有较强的收入分配效应。缩小城乡收入差距方面，重点生态功能区转移支付资金和微观数据库（CFPS）调查数据实证分析表明，生态财政转移支付政策可以显著提高农村家庭可支配收入，缩小城乡收入差距，同时降低泰尔指数。原因在于纵向生态财政转移支付具有天然的亲贫性，能够提高低收入群体的经济水平。同时，生态财政转移支付还能够带动区域内绿色产业发展，激励农村劳动力从事农业、林业、种植业等绿色产业，有效缓解农村劳动力流出。从具体政策实践

来看，生态转移支付对城乡间的收入分配影响具有正向作用，但受转移支付资金限制和补偿标准不尽合理的影响，并未实现区域间的收入分配公平效应。

生态转移支付政策造血能力不足。基于省级生态财政转移支付数据和微观个体数据的匹配证实，生态财政转移支付仅提高居民转移性收入和财产性收入，对工资性收入和经营性收入的影响并不显著。原因在于以下几个方面：一是转移支付标准尚未形成生态价值规律，资金数额不充沛，难以发挥规模效应。当前生态财政转移支付标准依据财政收支缺口，主要体现补助的性质，并未计算生态产品价值，更未体现地方居民为保护生态环境而丧失的机会成本，导致生态财政转移支付资金数额较少，不能充分弥补地方政府和居民保护生态环境的直接成本和间接成本。二是转移支付资金来源渠道单一，缺乏保障制度。中央财政资金是生态财政转移支付资金的唯一来源，一旦国际和国内形势出现重大变化，转移支付资金极易受到影响，再加上缺乏法律制度的约束，生态财政转移支付资金的持续性难以保证。三是转移支付资金缺乏绩效管理，资金使用效率不高。博弈模型表明，中央政府严格监督、地方政府贯彻执行才能保障生态财政转移支付的政策效果。当前的生态财政转移支付尚未构建绩效评价指标体系，更未将绩效指标纳入地方政府官员考核，生态财政转移支付资金也不是专款专用，资金拨付流于表面。

8.1.3　绿色发展效应不强，需金融政策协同

生态转移支付政策呈现出重环境而轻经济的发展态势，整体绿色发展效应较弱。围绕“碳生产率”这一绿色发展效应指标，根据县域面板

数据的实证分析结果得出：重点生态功能区转移支付政策显著降低了碳生产率。结合前人研究得出的“生态转移支付显著降低二氧化碳排放”的积极环境效应，本书认为生态财政转移支付虽然实现了积极的环境效应，但严重阻碍了经济发展，尚未实现环境财政政策的绿色发展目标。原因在于，较为严格的环境管制政策，会提高企业准入门槛，甚至会关停污染企业，但是并未促使污染企业完成转型升级，导致一些企业绩效表现不佳。再加上绿色产业尚处于基础阶段，未能实现规模效应，最终导致单位二氧化碳排放造成的经济产出下降。

提升绿色发展效应的路径有三条：一是与金融政策协同。县域金融数据的实证分析表明，金融政策能够调节生态转移支付的绿色发展效应，转而促进碳生产率的提升。原因在于金融政策所具有的资源配置“引领”功能、资金保障“支撑”功能、产品加工“催化”功能以及平台之间的“连接”功能不仅能够降低政策实施的成本，更能通过市场的方式，放大财政资金的使用效率，有效地将生态优势转化为经济优势，实现有为政府和有效市场的更好结合。二是改革财政体制。实证分析表明，财政自主度能够提高生态转移支付政策的绿色发展效应，表现为财政自主度的提高逆转了生态财政转移支付对碳生产率的抑制，较高的财政自主度反而实现了生态转移支付对碳生产率的提高。三是结合横向生态转移支付。政策实践表明，新安江流域生态补偿的绿色发展效率在第一轮试点之后有了明显提升，表现为二氧化碳生产率和工业废水生产率上升。从二氧化碳生产率来看，整体呈现出正“U”型趋势，且具有时间趋势。从工业废水生产率来看，基于皖南七市的数据对比分析，黄山市工业废水生产率处于较高水平，彰显政策优势。

8.2 政策建议

8.2.1 科学制定生态转移支付标准，扩大转移支付资金规模

考虑到目前设定的重点生态功能区转移支付资金标准是以财政收支缺口同时考虑补助系数测算的，新安江流域生态补偿则是基于水质单一的环境指标。如此测算标准要么未体现生态环境价值，要么未体现环境保护成本，所造成的巨大的资金缺口影响地方政府提供生态公共产品、地方居民保护生态环境的积极性。建议从投入或需求的角度测算转移支付下限值，再从产出或供给的角度测算转移支付上限值，基于测算的下限值和上限值，考虑人口、经济、区域面积等因素科学制定差异化转移支付标准。从投入和需求的角度来说，可以测算生态环境保护的成本。生态环境的保护成本可分为直接成本与间接成本。直接成本是指为保护、修复生态环境而投入的人力、物力和财力，即生态环境的建设与保护成本。很明显，直接成本是生态环境保护的必要投入，它的核算有地区财务数据作为支撑，相对容易量化。间接成本又称为机会成本，是指生态系统服务的供给者为保护生态环境而付出的经济发展的机会成本，可以通过问卷调查、实证调查和间接计算的方式量化。从产出或供给的角度来看，可以测算整个区域生态系统的服务价值。生态系统服务价值的估算主要有直接与间接两种核算思路。直接核算的方法主要是价值量法，通常是基于土地面积与价值当量，包括条件价值法、直接市场法、替代市场法、假想市场法等。间接核算一般是利用能值法、物质量法等估算出生态系统服务的供给量，进而采用影子价格法对生态系统服务价值进行核算。

8.2.2 创新生态产业发展模式，提高自我造血能力

由于绿色发展理念、“双碳”目标战略等的提出，众多生态资源禀赋聚集地为了维护自身和周边地区的生态安全，往往被限制发展工业等高污染、高产值的产业，生态财政转移支付资金对于生态产业转型升级而言杯水车薪。建议发挥生态转移支付财政资金的引领作用，鼓励地方积极探索创新型、市场化生态产业发展模式，提高自身造血能力。可以适当借鉴以下几种创新模式，一是做好生态产品价值核算，探索公共支付模式。森林、草原、湿地等生态资源，尤其是跨界生态资源是公共物品、私人物品、准公共物品属性的混合物，财政资金的单一投入机制难以保障地方需求，需要建立多元参与的公共支付模式。二是讲好品牌故事，推广生态标签模式。生态标签是市场化模式的新兴方式，本质上是产品获得了生态认证，进而改善企业社会形象、赢得消费者信赖、提高产品附加值，如生态食品、有机食品、绿色食品的认证以及销售。通过签发生态标签，营造绿色品牌，实现生态产品价值，从而体现生态环境保护的效益。就重点生态功能区和跨界流域等生态保护区而言，还可以结合当地特色农业，挖掘品牌故事，建设带有地理标志和品牌故事的生态标签产品，与电商产业融合发展，助力生态“含绿量”向“含金量”的转变。三是加强部门协调合作，打造异地开发模式。“异地开发”制度是针对开发条件较差或者开发会导致生态环境破坏的地区，通过空间转移跳出本区域寻找新的发展平台作为“飞地”，带动本区域实现生态保护与经济发展的良性互动。转移支付的受偿区应借助区域协调发展战略背景，突破行政区划和地理空间边界，一方面，通过政策吸引，实现项目、人才、技术、资本、信息等创新要素的流入，为培育保护区经济发展带来

新动能；另一方面，探索“虚拟”产业园和产业集群、传统企业数字化转型、产业平台化发展等多种新业态、新发展模式，利用特色小镇等，打造多要素融合发展的创新高地和对外辐射平台。四是明晰自然资源产权，创新产权交易模式。在自然资源产权明晰的基础上，以碳排放权、流域水权、排污权交易为重点，助力实现生态产品的经济价值。探索构建碳排放权、用水权、排污权初始分配制度，由政府“创设”排放权、用水权、排污权配额，向各控排、用水、排污单位分配初始权，并将初始权引入整个交易体系。

8.2.3　综合运用政策工具箱，提升政策协同水平

长久以来，由于生态产品的自然生产和公共品属性，导致生态产品无须经过“分配—交换”环节，直接进入“生产—消费”环节，存在生态产品的消费过量和供给不足问题。在资源约束趋紧、环境承载力逼近上限的背景下，必须采取干预手段和经济政策，提高绿色发展的效率，促进生态与经济的协调发展。现有的生态财政转移支付政策在解决此类问题上存在政策设计的系统性不足、协同度不够等问题。建议综合运用政策工具箱，促进各类政策的有效协同，放大单一财政政策的作用效果。一是与产业政策的协同。结合财政资金的引领作用和财政奖补的激励约束作用，推进生态产品供给侧结构性改革，优化生态产业结构与布局，充分发挥生态环境保护对产业结构优化升级的倒逼作用，全面推进产业绿色转型。二是与金融政策的协同。考虑财政政策的兜底性功能，发挥绿色金融的资金撬动作用。积极鼓励金融机构通过绿色信贷、绿色债券等支持绿色创新项目，引导金融机构增加绿色资产配置、强化环境风险管理，将转移支付与绿色金融创新有机衔接。三是与管制政策的协同。

有效的环境监管是环境治理的基础，政府环境管制在环境治理体系中处于基础和核心地位。加快构建绩效评价体系，发挥绩效管理的激励约束作用，结合财政、产业和金融政策的积极导向，妥善发挥环境管制的约束功能，以保证政策效果的不走样。

8.2.4 完善省以下生态转移支付制度，推进省以下财政体制改革

中央对地方的生态财政转移支付通过省、市级政府的层层拨付，最终抵达县级政府的转移支付资金有限，弱化了生态财政转移支付资金的规模效应。根据提高财政自主度能够增强生态财政转移支付政策效率这一实证结论，建议加快推进省以下财政体制改革，弥补省以下生态转移支付制度缺陷。一是明确生态财政转移支付的功能定位。当前重点生态功能区转移支付以保护环境和改善民生为目标导向，再加上不指定资金具体支出用途，大幅降低了转移支付资金的使用效率。应进一步明确生态财政转移支付的政策目标、细化目标，根据目标制定绩效评价指标体系，统一由地方政府统筹安排使用转移支付资金。二是推进共同财政事权转移支付与财政事权和支出责任划分改革相衔接。环境公共品的外部性决定了仅由某一地方政府供给不会达到社会最优，而环境公共品需求的异质性决定了由地方政府提供生态产品更加有效。生态环境问题的复杂性和多样性使得国内外学者们达成共识，即环境事物应由中央政府和地方政府共同承担。面对生态环境保护这一共同事务，应该明确各级政府的财政事权与支出责任，构建中央、省、市、县层层委托的共同财政事权生态转移支付体系，下级政府为了确保转移支付政策目标的实现，必须按照规定用途使用。三是科学分配生态财政转移支付资金。结合上

文确定的生态财政转移支付标准上下限，采用因素法分配转移支付资金，借鉴国外生态财政转移支付案例，选择人口、土地面积、基本公共服务水平等与财政收支政策有较强相关性的因素，差异化赋予相应权重，并结合财政收支缺口、支出成本差异、绩效考核结果等系数加以调节，采取公式化方式测算并分配生态转移支付资金。

8.2.5　构建“纵向＋横向”生态转移支付的网络框架

鉴于当前生态转移支付的政策效果，建议充分发挥纵向和横向生态财政转移支付的政策优势，从全局的角度构建“纵向＋横向”生态财政转移支付政策体系。一是纵深推进纵向生态财政转移支付政策。从重点领域和重点区域的纵向生态转移支付扩展到全领域、全区域的纵向生态财政转移支付，并依据全国主体功能区划，着重考虑生态环境质量、人口规模、区域面积等环境因素，差异化制定转移支付标准，建立中央、省、市、县四级行政全部参与的纵向生态财政转移支付政策体系。二是全面推广横向生态财政转移支付政策。基于流域生态补偿横向转移支付的成功经验，将流域延伸至涉及森林、草原、湿地、沙漠、海洋等跨区域生态环境，按照保护者收益、使用者补偿的原则，开展跨区域联防联治，推动建立省—省、市—市、县—县的横向生态财政转移支付政策体系。三是探索纵横交错的生态财政转移支付网络框架。根据纵向生态财政转移支付政策难以协调跨区域生态经济发展的现实情况，横向生态转移支付政策尚未发挥缩小经济差距的事实判断，建议构建以公平和效率为双重目标、上下级政府和同级政府间协同、环境部门与财政部门协同，以县域为最小单元的纵横交错的生态转移支付网络体系。

参考文献

［1］鲍丙飞，曾子洋，肖文海，等. 重点生态功能区转移支付对生态产业发展的空间效应：以江西省 80 个县为例［J］. 自然资源学报，2022，37（10）：2720－2735.

［2］蔡自力. 以科学发展观为指导　建立促进可持续发展的财政政策体系［J］. 财政研究，2005（3）：8－10.

［3］曹鸿杰，卢洪友，祁毓. 分权对国家重点生态功能区转移支付政策效果的影响研究［J］. 财经论丛，2020（5）：21－31.

［4］曹俐，王梦瑶，雷岁江，等. 基于准自然实验的生态转移支付政策环境效应评价［J］. 环境科学研究，2022（11）：2627－2638.

［5］曹莉萍，周冯琦，吴蒙. 基于城市群的流域生态补偿机制研究：以长江流域为例［J］. 生态学报，2019，39（1）：85－96.

［6］车东晟. 政策与法律双重维度下生态补偿的法理溯源与制度重构［J］. 中国人口·资源与环境，2020，30（8）：148－157.

［7］陈共. 财政学［M］. 北京：中国人民大学出版社，1999.

［8］陈海江，司伟，刘泽琦，等. 政府主导型生态补偿的多中心治理：基于农户社会网络的视角［J］. 资源科学，2020，42（5）：812－824.

［9］陈诗一，祁毓. "双碳"目标约束下应对气候变化的中长期财政政策研究［J］. 中国工业经济，2022（5）：5－23.

[10] 陈玉梅，李德学．长江经济带流域生态保护补偿制度的立法完善［J］．云南民族大学学报（哲学社会科学版），2020，37（4）：153－160.

[11] 程鹏，唐厚田，董玥，等．西江流域生态补偿中居民支付偏好及潜在类型识别［J］．水生态学杂志，2022（6）：1－18.

[12] 储德银，迟淑娴．转移支付降低了中国式财政纵向失衡吗?［J］．财贸经济，2018，39（9）：23－38.

[13] 储德银，邵娇，迟淑娴．财政体制失衡抑制了地方政府税收努力吗?［J］．经济研究，2019，54（10）：41－56.

[14] 丛树海．财政：国家治理的基础和重要支柱：党的十八大以来我国财政改革的十大进展［J］．财政研究，2022（8）：15－28.

[15] 崔惠玉．共同富裕视阈下生态补偿财政政策研究［J］．甘肃社会科学，2022（4）：174－183.

[16] 邓晓兰，黄显林，杨秀．完善生态补偿转移支付制度的政策建议［J］．经济研究参考，2014，2566（6）：16－17.

[17] 邓晓兰，黄显林，杨秀．积极探索建立生态补偿横向转移支付制度［J］．经济纵横，2013（10）：47－51.

[18] 邓子基．财政学［M］．北京：高等教育出版社，2005.

[19] 董艳玲，李华．转移支付的财力均等化效应：来源分解及动态演进［J］．财贸研究，2022，33（3）：51－64.

[20] 董战峰，郝春旭，璩爱玉，等．黄河流域生态补偿机制建设的思路与重点［J］．生态经济，2020，36（2）：196－201.

[21] 杜振华，焦玉良．建立横向转移支付制度实现生态补偿［J］．宏观经济研究，2004（9）：51－54.

[22] 段铸，刘艳．以“谁受益，谁付费”为原则 建立横向生态补

偿机制，京津冀如何破题［J］. 人民论坛，2017（5）：96－97.

［23］范子英. 财政转移支付与人力资本的代际流动性［J］. 中国社会科学，2020（9）：48－67.

［24］伏润民，缪小林. 中国生态功能区财政转移支付制度体系重构：基于拓展的能值模型衡量的生态外溢价值［J］. 经济研究，2015，50（3）：47－61.

［25］淦振宇，踪家峰. 生态补偿能改善城市空气质量吗?［J］. 中国人口·资源与环境，2021，31（10）：118－129.

［26］高家军. 纵向嵌入式治理："河长制"引领流域生态补偿的实现机制研究［J］. 地方治理研究，2021（1）：54－67.

［27］耿翔燕，葛颜祥，王爱敏. 水源地生态补偿综合效益评价研究：以山东省云蒙湖为例［J］. 农业经济问题，2017，38（4）：93－101.

［28］谷成，蒋守建. 我国横向转移支付依据、目标与路径选择［J］. 地方财政研究，2017（8）：4－8.

［29］官永彬. 财政分权体制下转移支付制度创新的路径选择［J］. 经济体制改革，2012（3）：11－16.

［30］郭少青. 论我国跨省流域生态补偿机制建构的困境与突破：以新安江流域生态补偿机制为例［J］. 西部法学评论，2013（6）：23－29.

［31］韩瑞娟，王静. 财政转移支付制度基础研究综述［J］. 新西部（理论版），2012（10）：60－61.

［32］韩增林，李彬，张坤领. 中国城乡基本公共服务均等化及其空间格局分析［J］. 地理研究，2015，34（11）：2035－2048.

［33］郝春旭，董战峰，璩爱玉，等. "十四五"时期生态补偿制度改革研究［J］. 环境保护，2022，50（10）：73－78.

［34］何立环，刘海江，李宝林，等. 国家重点生态功能区县域生态

环境质量考核评价指标体系设计与应用实践［J］. 环境保护，2014，42（12）：42－45.

［35］何寿奎. 农村生态环境补偿与绿色发展协同推进动力机制及政策研究［J］. 现代经济探讨，2019（6）：106－113.

［36］何帅，陈尚，郝林华. 国家重点生态功能区生态补偿空缺分析［J］. 环境保护，2020，48（17）：34－40.

［37］侯成成，赵雪雁，赵敏丽，等. 生态补偿对牧民社会观念的影响：以甘南黄河水源补给区为例［J］. 中国生态农业学报，2012，20（5）：650－655.

［38］胡斌，毛艳华. 转移支付改革对基本公共服务均等化的影响［J］. 经济学家，2018（3）：63－72.

［39］贾康. 中国财税改革 30 年：简要回顾与评述［J］. 财政研究，2008（10）：2－20.

［40］姜晓萍，吴宝家. 人民至上：党的十八大以来我国完善基本公共服务的历程、成就与经验［J］. 管理世界，2022，38（10）：56－70.

［41］姜玉环，张继伟，赖敏，等. 我国海洋生态补偿机制的现实进展与发展进路［J］. 海洋开发与管理，2022，39（11）：3－10.

［42］靳乐山，甄鸣涛. 流域生态补偿的国际比较［J］. 农业现代化研究，2008（2）：185－188.

［43］景守武，张捷. 新安江流域横向生态补偿降低水污染强度了吗?［J］. 中国人口·资源与环境，2018（10）：152－159.

［44］景守武，张捷. 跨界流域横向生态补偿与企业全要素生产率［J］. 财经研究，2021（5）：139－152.

［45］孔德帅，李铭硕，靳乐山. 国家重点生态功能区转移支付的考核激励机制研究［J］. 经济问题探索，2017（7）：81－87.

[46] 黎元生. 基于生命共同体的流域生态补偿机制改革：以闽江流域为例 [J]. 中国行政管理，2019 (3)：93 - 98.

[47] 李宝林，袁烨城，高锡章，等. 国家重点生态功能区生态环境保护面临的主要问题与对策 [J]. 环境保护，2014，42 (12)：15 - 18.

[48] 李超显. 习近平生态扶贫重要论述的理论内涵和实践对策分析 [J]. 法制与社会，2021 (1)：79 - 81.

[49] 李丹，李梦瑶. 财政转移支付的减贫效应研究：基于国定扶贫县的实证分析 [J]. 财经研究，2020，46 (10)：48 - 63.

[50] 李丹，裴育，陈欢. 财政转移支付是"输血"还是"造血"：基于国定扶贫县的实证研究 [J]. 财贸经济，2019，40 (6)：22 - 39.

[51] 李国平，李宏伟. 绿色发展视角下国家重点生态功能区绿色减贫效果评价 [J]. 软科学，2018，32 (12)：93 - 98.

[52] 李国平，张文彬. 国家重点生态功能区转移支付差异化契约研究 [J]. 当代经济科学，2015，37 (6)：92 - 98.

[53] 李军，张大永，姬强，等. 中国家庭消费隐含污染排放的环境恩格尔曲线 [J]. 中国人口·资源与环境，2021，31 (7)：75 - 90.

[54] 李强，王亚仓. 长江经济带环境治理组合政策效果评估 [J]. 公共管理学报，2022，19 (2)：130 - 141.

[55] 李淑瑞. 我国生态转移支付制度优化研究 [D]. 武汉：中南财经政法大学，2020.

[56] 李兴文，杨修博，梁向东. 财政纵向失衡、收支偏好与地方政府公共服务供给 [J]. 江汉论坛，2021 (12)：5 - 14.

[57] 李一花，李佳. 生态补偿有助于脱贫攻坚吗?：基于重点生态功能区转移支付的准自然实验研究 [J]. 财贸研究，2021，32 (5)：23 - 36.

[58] 厉以宁. 贫困地区经济与环境的协调发展 [J]. 中国社会科

学，1991（4）：199－210.

［59］梁红梅，易蓉蓉．基于西部生态补偿视角的横向转移支付制度研究［J］．财会研究，2011（15）：10－12.

［60］林爱华，沈利生．长三角地区生态补偿机制效果评估［J］．中国人口·资源与环境，2020，30（4）：149－156.

［61］林诗贤，祁毓．区位导向型生态环境政策的激励效应及策略选择［J］．财政研究，2021（6）：85－103.

［62］林毅夫，陈斌开．发展战略、产业结构与收入分配［J］．经济学（季刊），2013，12（4）：1109－1140.

［63］刘璨，陈珂，刘浩，等．国家重点生态功能区转移支付相关问题研究：以甘肃五县、内蒙二县为例［J］．林业经济，2017（3）：3－15.

［64］刘晨，田漾帆，牛先楚．基于主体功能区的生态补偿与生态功能区发展的机会成本比较研究：基于山西省（2008－2015）的实证分析［J］．现代城市研究，2022（3）：14－20.

［65］刘聪，张宁．新安江流域横向生态补偿的经济效应［J］．中国环境科学，2021，41（4）：1940－1948.

［66］刘贯春，周伟．转移支付不确定性与地方财政支出偏向［J］．财经研究，2019（6）：4－16.

［67］刘炯．生态转移支付对地方政府环境治理的激励效应：基于东部六省46个地级市的经验证据［J］．财经研究，2015，41（2）：54－65.

［68］刘秋妹．生态文明视域下我国海洋生态补偿制度的完善［J］．生态经济，2020，36（12）：174－180.

［69］卢洪友，杜亦譞，祁毓．生态补偿的财政政策研究［J］．环境保护，2014，42（5）：23－26.

［70］卢洪友，祁毓．生态功能区转移支付制度与激励约束机制重构

[J]. 环境保护, 2014, 42 (12): 34 -36.

[71] 卢盛峰, 陈思霞, 时良彦. 走向收入平衡增长: 中国转移支付系统"精准扶贫"了吗?[J]. 经济研究, 2018, 53 (11): 49 -64.

[72] 卢文秀, 吴方卫. 生态补偿横向转移支付能缩小城乡收入差距吗?: 基于 2000 -2019 年中国典型流域生态补偿的经验证据 [J]. 财政研究, 2022 (7): 35 -51.

[73] 吕光明, 陈欣悦. 县域基本公共服务均等化的测度与结构解析 [J]. 财政研究, 2022 (4): 52 -68.

[74] 吕炜, 邵娇. 转移支付、税制结构与经济高质量发展: 基于 277 个地级市数据的实证分析 [J]. 经济学家, 2020 (11): 5 -18.

[75] 罗伯特·黑勒. 德国公共预算管理 [M]. 北京: 中国政法大学出版社, 2013: 96 -114.

[76] 马本, 孙艺丹, 秦露. 中国生态保护政策的县域经济效应: 来自国家重点生态功能区的证据 [J]. 中国环境科学, 2022, 42 (12): 5928 -5940.

[77] 马军旗, 乐章. 黄河流域生态补偿的水环境治理效应: 基于双重差分方法的检验 [J]. 资源科学, 2021, 43 (11): 2277 -2288.

[78] 毛前, 陈海雄. 建立长江流域生态补偿机制 [J]. 民主与科学, 2015 (4): 19 -20.

[79] 蒙昱竹, 肖小虹, 李璞颖. 中国西部地区区域协调发展的特色道路: "有为政府"基础上的"有效市场"战略选择 [J]. 西南金融, 2022 (4): 95 -104.

[80] 缪小林, 赵一心. 生态功能区转移支付对生态环境改善的影响: 资金补偿还是制度激励?[J]. 财政研究, 2019 (5): 17 -32.

[81] 莫龙炯, 张小鹿. 增长目标设定能否驱动经济高质量发展

[J]. 经济学家，2022（9）：39－48.

[82] 娜仁，陈艺，万伦来，等. 中国典型流域生态补偿财政支出的减贫效应研究：来自2010－2017年安徽新安江流域的经验数据 [J]. 财政研究，2020（5）：51－62.

[83] 娜仁，张晗璐，万伦来. 典型流域生态补偿对区域技术创新的非线性影响：基于新安江流域安徽段面板数据的门槛效应检验 [J]. 科技管理研究，2021（21）：225－230.

[84] 倪琪，张思阳，刘霁瑶，等. 公众参与跨区域流域生态补偿的行为研究 [J]. 软科学，2022，36（5）：109－114.

[85] 祁毓，卢洪友. "环境贫困陷阱"发生机理与中国环境拐点 [J]. 中国人口·资源与环境，2015（25）：71－78.

[86] 祁毓，卢洪友. 污染、健康与不平等：跨越"环境健康贫困"陷阱 [J]. 管理世界，2015（9）：32－51.

[87] 乔宝云，杨开宇. 地方政府债务、房地产市场与基本公共服务 [J]. 财政研究，2022（9）：120－129.

[88] 乔俊峰，陈荣汾. 转移支付结构对基本公共服务均等化的影响：基于国家级贫困县划分的断点分析 [J]. 经济学家，2019（10）：84－92.

[89] 邱宇，陈英姿，饶清华，等. 基于排污权的闽江流域跨界生态补偿研究 [J]. 长江流域资源与环境，2018，27（12）：2839－2847.

[90] 曲超，刘桂环，吴文俊，等. 长江经济带国家重点生态功能区生态补偿环境效率评价 [J]. 环境科学研究，2020（2）：471－477.

[91] 曲建升，王勤花. 碳生产率挑战：遏制全球变化，保持经济增长 [J]. 科学新闻，2008（20）：17－18.

[92] 饶清华，颜梦佳，林秀珠，等. 基于帕累托改进的闽江流域生态补偿标准研究 [J]. 中国环境科学，2016，36（4）：1235－1241.

[93] 任丙强．地方政府环境政策执行的激励机制研究：基于中央与地方关系的视角 [J]．中国行政管理，2018 (6)：129 - 135.

[94] 任高飞，陈瑶瑶．国际比较视角下长江流域水环境生态补偿的财税政策研究 [J]．西部财会，2018 (2)：17 - 20.

[95] 任以胜，陆林，虞虎，等．尺度政治视角下的新安江流域生态补偿政府主体博弈 [J]．地理学报，2020，75 (8)：1667 - 1679.

[96] 单云慧．新时代生态补偿横向转移支付制度化发展研究：以卡尔多 - 希克斯改进理论为分析进路 [J]．经济问题，2021 (2)：107 - 116.

[97] 沈满洪，陆菁．论生态保护补偿机制 [J]．浙江学刊，2004 (4)：217 - 220.

[98] 史会剑，于晓霞，苏志慧．黄河流域生态补偿研究进展与展望 [J]．环境与可持续发展，2021，46 (2)：56 - 60.

[99] 宋佳莹．基本公共服务均等化测度：供给与受益二维视角：兼论转移支付与财政自给率的影响 [J]．湖南农业大学学报（社会科学版），2022，23 (4)：85 - 95.

[100] 宋丽颖，杨潭．转移支付对黄河流域环境治理的效果分析 [J]．经济地理，2016，36 (9)：166 - 172.

[101] 孙开，孙琳．流域生态补偿机制的标准设计与转移支付安排：基于资金供给视角的分析 [J]．财贸经济，2015 (12)：118 - 128.

[102] 孙开．纵向与横向财政失衡理论述评 [J]．经济学动态，1998 (5)：66 - 68.

[103] 谭洁．完善广西重点生态功能区转移支付因素分配法的思考：以国家重点生态功能区县为例 [J]．广西民族研究，2021 (6)：19 - 28.

[104] 陶恒，宋小宁．生态补偿与横向财政转移支付的理论与对策研究 [J]．创新，2010，4 (2)：82 - 85.

［105］田嘉莉，赵昭．国家重点生态功能区转移支付政策的环境效应：基于政府行为视角［J］．中南民族大学学报（人文社会科学版），2020，40（2）：121－125.

［106］田淑英，孙磊，许文立，等．绿色低碳发展目标下财政政策促进企业转型升级研究：来自“节能减排财政政策综合示范城市”试点的证据［J］．财政研究，2022（8）：79－96.

［107］万骁乐，邱鲁连，袁斌，等．中国海洋生态补偿政策体系的变迁逻辑与改进路径［J］．中国人口·资源与环境，2021，31（12）：163－176.

［108］汪惠青，单钰理．生态补偿在我国大气污染治理中的应用及启示［J］．环境经济研究，2020（2）：111－128.

［109］王德凡．基于区域生态补偿机制的横向转移支付制度理论与对策研究［J］．华东经济管理，2018，32（1）：62－68.

［110］王昉，燕洪．财政转移支付政策与贫困治理：基本逻辑与思想转型［J］．财经研究，2022，48（8）：18－32.

［111］王怀毅，李忠魁，俞燕琴．中国生态补偿：理论与研究述评［J］．生态经济，2022，38（3）：164－170.

［112］王慧．新安江流域生态补偿机制的建立和完善［D］．合肥：合肥工业大学，2010.

［113］王军锋，侯超波，闫勇．政府主导型流域生态补偿机制研究：对子牙河流域生态补偿机制的思考［J］．中国人口·资源与环境，2011，21（7）：101－106.

［114］王勤花，张志强，曲建升．家庭生活碳排放研究进展分析［J］．地球科学进展，2013，28（12）：1305－1312.

［115］王少平，欧阳志刚．中国城乡收入差距对实际经济增长的阈

值效应［J］. 中国社会科学，2008（2）：54－66.

［116］王曙光，王丹莉. 减贫与生态保护：双重目标兼容及其长效机制：基于藏北草原生态补偿的实地考察［J］. 农村经济，2015（5）：3－8.

［117］王雨蓉，曾庆敏，陈利根，等. 基于IAD框架的国外流域生态补偿制度规则与启示［J］. 生态学报，2021，41（5）：2086－2096.

［118］王禹澔. 中国特色对口支援机制：成就、经验与价值［J］. 管理世界，2022，38（6）：71－85.

［119］王梓懿，张京祥，周子航，等. 生态补偿的价值目标：国际经验及对中国的启示［J］. 中国环境管理，2021，13（2）：27－32.

［120］卫志民，胡浩. 多源流理论视阈下生态补偿机制的政策议程分析：以新安江流域生态补偿机制为例［J］. 行政管理改革，2020（5）：57－64.

［121］魏巍贤，王月红. 京津冀大气污染治理生态补偿标准研究［J］. 财经研究，2019（4）：96－110.

［122］吴乐，朱凯宁，靳乐山. 环境服务付费减贫的国际经验及借鉴［J］. 干旱区资源与环境，2019，33（11）：34－41.

［123］吴敏，刘畅，范子英. 转移支付与地方政府支出规模膨胀：基于中国预算制度的一个实证解释［J］. 金融研究，2019（3）：74－91.

［124］武力超，林子辰，关悦. 我国地区公共服务均等化的测度及影响因素研究［J］. 数量经济技术经济研究，2014，31（8）：72－86.

［125］肖文海，蒋海舲. 资源富集生态功能区可持续脱贫研究：以生态价值实现为依托［J］. 江西社会科学，2019，39（12）：53－59.

［126］肖越，肖文海. 生态转移支付支持绿色农产品开发的机制分析与政策建议［J］. 江西社会科学，2021，41（12）：66－74.

［127］谢恺. 国家重点生态功能区转移支付制度研究［D］. 北京：

中国财政科学研究院，2018.

［128］解垩．公共预算转移支付反贫困瞄准：以低保为例的 ROC 方法分析［J］．统计研究，2019，36（10）：30－42.

［129］辛帅．论生态补偿制度的二元性［J］．江西社会科学，2020，40（2）：204－212.

［130］徐鸿翔，张文彬．国家重点生态功能区转移支付的生态保护效应研究：基于陕西省数据的实证研究［J］．中国人口·资源与环境，2017，27（11）：141－148.

［131］徐洁，谢高地，肖玉，等．国家重点生态功能区生态环境质量变化动态分析［J］．生态学报，2019，39（9）：3039－3050.

［132］徐莉萍，李姣好．生态预算研究述评及展望［J］．经济学动态，2012（10）：91－94.

［133］徐丽媛．贫困地区生态综合补偿转移支付法制研究［J］．中国环境管理，2020（6）：137－142.

［134］徐明．财政转移支付带来了地区生产效率提升吗?：基于省际对口支援与中央转移支付的比较研究［J］．统计研究，2022，39（9）：88－103.

［135］徐松鹤，韩传峰．基于微分博弈的流域生态补偿机制研究［J］．中国管理科学，2019，27（8）：199－207.

［136］杨晓军，陈浩．中国城乡基本公共服务均等化的区域差异及收敛性［J］．数量经济技术经济研究，2020，37（12）：127－145.

［137］禹雪中，冯时．中国流域生态补偿标准核算方法分析［J］．中国人口·资源与环境，2011，21（9）：14－19.

［138］袁冬梅，魏后凯，杨焕．对外开放、贸易商品结构与中国城乡收入差距：基于省际面板数据的实证分析［J］．中国软科学，2011

(6)：47－56.

[139] 袁广达，仲也，郭译文．基于太湖流域生态承载力的生态补偿横向转移支付研究［J］. 南京工业大学学报（社会科学版），2021，20(2)：77－87.

[140] 张朝举，陈怡心．生态转移支付与地方政府环境治理激励［J］. 武汉大学学报（哲学社会科学版），2021，74（6）：158－173.

[141] 张海峰．大气环境领域生态补偿研究［J］. 化工管理，2021(20)：30－31.

[142] 张化楠，接玉梅，葛颜祥．国家重点生态功能区生态补偿扶贫长效机制研究［J］. 中国农业资源与区划，2018，39（12）：26－33.

[143] 张晖，吴霜，张燕媛，等．流域生态补偿政策对受偿地区经济增长的影响研究：以安徽省黄山市为例［J］. 长江流域资源与环境，2019，28（12）：2848－2856.

[144] 张嘉紫煜，张仁杰，冯曦明．财政纵向失衡何以降低公共服务质量?：理论分析与机制检验［J］. 财政科学，2022（5）：43－57.

[145] 张婕，倪存昊，朱明明．新安江流域生态补偿财政支出效率研究［J］. 中国环境管理，2020，12（4）：112－119.

[146] 张俊峰，贺三维，张光宏，等．流域耕地生态盈亏、空间外溢与财政转移：基于长江经济带的实证分析［J］. 农业经济问题，2020(12)：120－132.

[147] 张凯强．转移支付与地区经济稳定：基于国家级贫困县划分的断点分析［J］. 财贸经济，2018，39（1）：54－69.

[148] 张立军，湛泳．金融发展影响城乡收入差距的三大效应分析及其检验［J］. 数量经济技术经济研究，2006（12）：73－81.

[149] 张美竹．基本公共服务水平测度及其空间溢出效应：基于我国

285 个地级市的实证研究［J］．上海管理科学，2021，43（4）：68－72.

［150］张文彬，马艺鸣．国家重点生态功能区生态补偿监管方式分析［J］．环境保护科学，2018，44（1）：7－13.

［151］赵晶晶，葛颜祥，李颖．流域生态补偿多元融资的障碍因素、国际经验及体系建构［J］．中国环境管理，2022，14（2）：62－69.

［152］赵娜．生态补偿需善用市场之手［J］．河北水利，2015（12）：26.

［153］赵卫，刘海江，肖颖，等．国家重点生态功能区转移支付与生态环境保护的协同性分析［J］．生态学报，2019，39（24）：9271－9280.

［154］郑雪梅．生态转移支付：基于生态补偿的横向转移支付制度［J］．环境经济，2006（7）：11－15.

［155］郑云辰，葛颜祥，接玉梅，等．流域多元化生态补偿分析框架：补偿主体视角［J］．中国人口·资源与环境，2019，29（7）：131－139.

［156］钟成林，胡雪萍．生态补偿意识对市场化生态补偿机制培育绩效的影响研究：基于市场化生态补偿意识要素视角［J］．社会科学，2021（6）：88－98.

［157］周茂，陆毅，杜艳，等．开发区设立与地区制造业升级［J］．中国工业经济，2018（3）：62－79.

［158］周茂，陆毅，李雨浓．地区产业升级与劳动收入份额：基于合成工具变量的估计［J］．经济研究，2018，53（11）：132－147.

［159］朱仁显，李佩姿．跨区流域生态补偿如何实现横向协同?：基于 13 个流域生态补偿案例的定性比较分析［J］．公共行政评论，2021（1）：170－190.

［160］朱艳，陈红华．重点生态功能区转移支付改善生态环境了吗?：基于 PSM 的结果［J］．南方经济，2020（10）：125－140.

[161] 朱媛媛，文一惠，谢婧，等．京津冀跨区域生态补偿机制探讨 [J]．环境保护，2021，49 (15)：21 -26.

[162] Adamowicz W., Calderon-Etter L., Entem A., et al. Assessing ecological infrastructure investments [J]. Proceedings of the National Academy of Sciences, 2019, 116 (12): 5254 -5261.

[163] Bai J. Panel data models with interactive fixed effects [J]. Econometrica, 2009, 77 (4): 1229 -1279.

[164] Borie M., Mathevet R., Letourneau A., et al. Exploring the contribution of fiscal transfers to protected area policy [J]. Ecology and Society, 2014, 19 (1).

[165] Budds J. Water, power, and the production of neoliberalism in Chile, 1973 -2005 [J]. Environment and planning D: Society and Space, 2013, 31 (2): 301 -318.

[166] Busch J., Kapur A., Mukherjee A. Did India's ecological fiscal transfers incentivize state governments to increase their forestry budgets? [J]. Environmental Research Communications, 2020, 2 (3): 031006.

[167] Busch J. Monitoring and evaluating the payment-for-performance premise of REDD +: the case of India's ecological fiscal transfers [J]. Ecosystem Health and Sustainability, 2018, 4 (7): 169 -175.

[168] Callaway B, Sant'Anna P H C. Difference-in-differences with multiple time periods [J]. Journal of Econometrics, 2021, 225 (2): 200 -230.

[169] Cao H., Qi Y., Chen J., et al. Incentive and coordination: Ecological fiscal transfers' effects on eco-environmental quality [J]. Environmental Impact Assessment Review, 2021, 87: 106518.

[170] Cassola R S. Ecological fiscal transfers for biodiversity conserva-

tion: Options for a federal-state arrangement in Brazil [D]. Freiburg: Albert-Ludwigs-Universität Freiburg, 2011.

[171] Coase R H. The Problem of Social Cost [J]. Journal of Law and Economics, 1960, 3: 1.

[172] Dagum C. Decomposition and interpretation of Gini and the generalized entropy inequality measures [J]. Statistica, 1997, 57 (3): 295 –308.

[173] De Chaisemartin C. , d'Haultfoeuille X. Two-way fixed effects estimators with heterogeneous treatment effects [J]. American Economic Review, 2020, 110 (9): 2964 –2996.

[174] Droste N. , Hansjürgens B. , Kuikman P. , et al. Steering innovations towards a green economy: Understanding government intervention [J]. Journal of Cleaner Production, 2016, 135: 426 –434.

[175] Engel S. , Pagiola S. , Wunder S. Designing payments for environmental services in theory and practice: An overview of the issues [J]. Ecological Economics, 2008, 65 (4): 663 –674.

[176] Ferrari M M. , Pagliari M S. No country is an island. International cooperation and climate change [J]. International Cooperation and Climate Change. Banque de France Working Paper, 2021. 6.

[177] Friedman D. On Economic Applications of evolutionary game theory [J]. Journal of Evolutionary Economics, 1998 (8): 15 –43.

[178] Gamkhar S. , Oates W. Asymmetries in the response to increases and decreases in intergovernmental grants: Some empirical findings [J]. National Tax Journal, 1996, 49 (4) .

[179] Goodman-Bacon A. Difference-in-differences with variation in treatment timing [J]. Journal of Econometrics, 2021, 225 (2): 254 –277.

［180］ Grieg-Gran M. Fiscal incentives for biodiversity conservation: The ICMS Ecológico in Brazil ［J］. 2000.

［181］ Grossman G M. , Krueger A B. Environmental impacts of a North American free trade agreement ［J］. NEBR, 1991.

［182］ Grossman P J. Inter-governmental Grants and Grantor Government Own-purpose Expenditures ［J］. National Tax Journal, 1989, 42 (4): 487 – 494.

［183］ Hayek F A. American economic association ［J］. The American Economic Review, 1945, 35 (4): 519 – 530.

［184］ Honore B E. , Kyriazidou E. , Powell J L. Estimation of Tobit-type models with individual specific effects ［J］. Econometric reviews, 2000, 19 (3): 341 – 366.

［185］ Honore B E. Trimmed LAD and least squares estimation of truncated and censored regression models with fixed effects ［J］. Econometrica: journal of the Econometric Society, 1992: 533 – 565.

［186］ Joslin A. Dividing "above" and "below": Constructing territory for ecosystem service conservation in the Ecuadorian highlands ［J］. Annals of the American Association of Geographers, 2020, 110 (6): 1874 – 1890.

［187］ Köllner T. , Schelske O. , Seidl I. Integrating biodiversity into intergovernmental fiscal transfers based on cantonal benchmarking: A Swiss case study ［J］. Basic and Applied Ecology, 2002, 3 (4): 381 – 391.

［188］ Landell-Mills N. Developing markets for forest environmental services: an opportunity for promoting equity while securing efficiency? ［J］. Philosophical Transactions of the Royal Society of London. Series A: Mathematical, Physical and Engineering Sciences, 2002, 360 (1797): 1817 – 1825.

[189] Leimona B., Van Noordwijk M., De Groot R., et al. Fairly efficient, efficiently fair: Lessons from designing and testing payment schemes for ecosystem services in Asia [J]. Ecosystem Services, 2015, 12: 16-28.

[190] Levaggi R., Zanola R. Flypaper Effect and Sluggishness: Evidence from Regional Health Expenditure in Italy [J]. International Tax and Public Finance, 2003, 10 (5): 535-547.

[191] Levinson A., O'Brien J. Environmental Engel Curves: Indirect Emissions of Common Air Pollutants [J]. Review of Economics and Statistics, 2019, 101 (1): 121-133.

[192] Loft L., Gebara M F., Wong G Y. The experience of ecological fiscal transfers: Lessons for REDD + benefit sharing [M]. Bogor: CIFOR, 2016.

[193] Marshall A, Principles of Economics [M]. London: Macmillan, 1890.

[194] May P H., Gebara M F., Conti B R., et al. The "Ecological" Value Added Tax (ICMS-Ecológico) in Brazil and its effectiveness in State biodiversity conservation: a comparative analysis [C]. Rio de Janeiro: Proceedings of the 12th Biennial Conference of the International Society for Ecological Economics, 2012.

[195] May P H., Gebara M F., Lima G., et al. The effectiveness and fairness of the "Ecological ICMS" as a fiscal transfer for biodiversity conservation. A tale of two municipalities in Mato Grosso, Brazil [C]. Lille: ESEE Conference, 2013.

[196] Muradian R., Corbera E., Pascual U., et al. Reconciling theory and practice: An alternative conceptual framework for understanding

payments for environmental services [J]. Ecological economics, 2010, 69 (6): 1202 – 1208.

[197] Muradian R. Immigration and the environment: Underlying values and scope of analysis [J]. Ecological Economics, 2006, 59 (2): 208 – 213.

[198] Musgrave R A. The Theory of Public Finance: A Study in Public Economy [M]. Tokyo: Kogakusha Co, 1959.

[199] Nordhaus W. Estimates of the social cost of carbon: concepts and results from the DICE – 2013R model and alternative approaches [J]. Journal of the Association of Environmental and Resource Economists, 2014, 1: 273 – 312.

[200] Oates W. Fiscal Federalism [M]. New York: Harcourt Brace Jova-Novich, 1972: 16.

[201] Olson M. The Principle of "Fiscal Equivalence": The Division of Responsibilities Among Different Levels of Government [J]. American Economic Review, 1969, 59 (2): 479 – 487.

[202] Panayotou T. Empirical tests and policy analysis of environmental degradation at different stages of economic development [J]. 1993.

[203] Paulo F L L. , Camões P J S. The adoption of ecological fiscal transfers: An empirical analysis [J]. Land Use Policy, 2019, 88: 104 – 202.

[204] Pigou A C. Some Problems of Foreign Exchange [J]. The Economic Journal, 1920, 30 (120): 460 – 472.

[205] Ring I. Compensating municipalities for protected areas: fiscal transfers for biodiversity conservation in Saxony, Germany [J]. Gaia-Ecological Perspectives for Science and Society, 2008, 17 (1): 143 – 151.

[206] Ring I. Ecological public functions and fiscal equalisation at the local level in Germany [J]. Ecological Economics, 2002, 42.

[207] Ring I. Integrating local ecological services into intergovernmental fiscal transfers: the case of the ecological ICMS in Brazil [J]. Land use policy, 2008, 25 (4): 485 -497.

[208] Ring I., Schröter-Schlaack C. Instrument mixes for biodiversity policies [J]. Helmholtz Centre for Environmental Research, 2011.

[209] Rodríguez de Francisco J. C., Budds J., Boelens R. Payment for environmental services and unequal resource control in Pimampiro, Ecuador [J]. Society & Natural Resources, 2013, 26 (10): 1217 -1233.

[210] Rosen H. S, Gayer T. Public Finance, Richard D [J]. Irwin Inc., Homewood, 1985.

[211] Rosen H. S. Public finance [M]. New York: Springer US, 2004.

[212] Rossi A., Martinez A L., Nossa V. Eco-vat with a focus on green taxation as a means of economic and ecological sustainability: parana's experience [J]. Environmental & Social Management Journal/Revista de Gestão Social e Ambiental, 2011, 5 (3).

[213] Sager L. Income Inequality and Carbon Consumption: Evidence from Environmental Engel Curves [J]. Energy Economics, 2019, 84: 104 -507.

[214] Salzman J., Bennett G., Carroll N., et al. The global status and trends of Payments for Ecosystem Services [J]. Nature Sustainability, 2018, 1 (3): 136 -144.

[215] Samuelson P. A. The pure theory of public expenditure [J]. The review of economics and statistics, 1954: 387 -389.

[216] Santos G., Behrendt H., Maconi L., et al. Part I: Externalities and economic policies in road transport [J]. Research in transportation economics, 2010, 28 (1): 2 -45.

[217] Santos R., Antunes P., Ring I., et al. Engaging local private and public actors in biodiversity conservation: the role of agri - environmental schemes and ecological fiscal transfers [J]. Environmental Policy and Governance, 2015, 25 (2): 83 -96.

[218] Santos R., Ring I., Antunes P., et al. Fiscal transfers for biodiversity conservation: The Portuguese Local Finances Law [J]. Land Use Policy, 2012, 29 (2): 261 -273.

[219] Schröter-Schlaack C., Ring I., Koellner T., et al. Intergovernmental fiscal transfers to support local conservation action in Europe [J]. Zeitschrift für Wirtschaftsgeographie, 2014, 58 (1): 98 -114.

[220] Shah A. M. C. A Linear Expenditure System Estimation of Local Fiscal Response to Provincial Transportation Grants [J]. Journal of Applied Economics & Policy, 1989, 9: 150.

[221] Stoll-Kleemann S. Barriers to nature conservation in Germany: A model explaining opposition to protected areas [J]. Journal of Environmental Psychology, 2001, 21 (4): 369 -385.

[222] Sun L., Abraham S. Estimating dynamic treatment effects in event studies with heterogeneous treatment effects [J]. Journal of Econometrics, 2021, 225 (2): 175 -199.

[223] Tacconi L. Developing environmental governance research: the example of forest cover change studies [J]. Environmental Conservation, 2011, 38 (2): 234 -246.

[224] Tiebout C. M. A pure theory of local expenditures [J]. Journal of Political Economy, 1956, 64 (5): 416 -424.

[225] Verde Selva G., Pauli N., Kiatkoski Kim M., et al. Can envi-

ronmental compensation contribute to socially equitable conservation? The case of an ecological fiscal transfer in the Brazilian Atlantic forest [J]. Local Environment, 2019, 24 (10): 931 -948.

[226] Wonder S. Payments for Environmental Services: Some Nuts and Bolts [J]. CIFOR Occasional Paper, 2005, 42: 3 -4.

附　录

表 3－A　重点生态功能区转移支付县域名单（2017 年）

县（区）	县（区）	县（区）
密云区	凤山县	张北县
延庆区	东兰县	康保县
蓟县	罗城仫佬族自治县	沽源县
张家口市桥东区	环江毛南族自治县	尚义县
张家口市桥西区	巴马瑶族自治县	蔚县
井陉县	都安瑶族自治县	阳原县
正定县	大化瑶族自治县	怀安县
行唐县	忻城县	万全县
灵寿县	金秀瑶族自治县	怀来县
赞皇县	天等县	涿鹿县
平山县	龙华区	赤城县
北戴河区	秀英区	崇礼县
抚宁区	琼山区	双桥区
青龙满族自治县	美兰区	双滦区
邢台县	三亚市	鹰手营子矿区
阜平县	三沙市	承德县
涞源县	儋州市	兴隆县
安新县	五指山市	平泉县
易县	琼海市	滦平县
曲阳县	文昌市	隆化县
顺平县	万宁市	丰宁满族自治县
雄县	东方市	宽城满族自治县
宣化区	定安县	围场满族蒙古族自治县

续表

县（区）	县（区）	县（区）
下花园区	屯昌县	桃城区
宣化县	澄迈县	冀州市
枣强市	石棉县	库伦旗
神池县	天全县	奈曼旗
五寨县	宝兴县	扎鲁特旗
岢岚县	通江县	牙克石市
临高县	河曲县	南江县
白沙黎族自治县	保德县	马尔康市
昌江黎族自治县	偏关县	汶川县
乐东黎族自治县	吉县	理县
陵水黎族自治县	乡宁县	茂县
保亭黎族苗族自治县	大宁县	松潘县
琼中黎族苗族自治县	隰县	九寨沟县
城口县	永和县	金川县
武隆县	蒲县	小金县
云阳县	汾西县	黑水县
奉节县	兴县	壤塘县
巫山县	临县	阿坝县
巫溪县	柳林县	若尔盖县
石柱土家族自治县	石楼县	红原县
秀山土家族苗族自治县	中阳县	康定市
酉阳土家族苗族自治县	清水河县	泸定县
彭水苗族土家族自治县	固阳县	丹巴县
平武县	达尔罕茂明安联合旗	九龙县
北川羌族自治县	阿鲁科尔沁旗	雅江县
旺苍县	巴林右旗	道孚县
青川县	克什克腾旗	炉霍县
沐川县	翁牛特旗	甘孜县
峨边彝族自治县	开鲁县	新龙县
马边彝族自治县	科尔沁左翼中旗	德格县
万源市	科尔沁左翼后旗	白玉县

续表

县（区）	县（区）	县（区）
石渠县	正蓝旗	金沙县
色达县	阿拉善左旗	织金县
理塘县	阿拉善右旗	纳雍县
巴塘县	额济纳旗	赫章县
扎兰屯市	乡城县	新宾满族自治县
额尔古纳市	稻城县	本溪满族自治县
根河市	得荣县	桓仁满族自治县
阿荣旗	盐源县	宽甸满族自治县
新巴尔虎左旗	宁南县	东昌区
新巴尔虎右旗	普格县	集安市
莫力达瓦达斡尔族自治旗	布拖县	浑江区
鄂伦春自治旗	金阳县	江源区
乌拉特中旗	昭觉县	临江市
乌拉特后旗	喜德县	抚松县
化德县	越西县	靖宇县
察哈尔右翼中旗	甘洛县	长白朝鲜族自治县
察哈尔右翼后旗	美姑县	通榆县
四子王旗	雷波县	敦化市
阿尔山市	木里藏族自治县	和龙市
科尔沁右翼中旗	水城县	汪清县
多伦县	六枝特区	安图县
阿巴嘎旗	赤水县	尚志市
苏尼特左旗	习水县	五常市
苏尼特右旗	镇宁布依族苗族自治县	方正县
东乌珠穆沁旗	关岭布依族苗族自治县	木兰县
西乌珠穆沁旗	紫云苗族布依族自治县	通河县
太仆寺旗	七星关区	延寿县
镶黄旗	大方县	甘南县
正镶白旗	黔西县	虎林市
密山市	通海县	北安市
绥滨县	华宁县	五大连池市

续表

县（区）	县（区）	县（区）
饶河县	巧家县	嫩江县
伊春区	盐津县	逊克县
威宁彝族回族苗族自治县	南岔区	大关县
江口县	友好区	永善县
石阡县	西林区	绥江县
思南县	翠峦区	永胜县
德江县	新青区	玉龙纳西族自治县
印江土家族苗族自治县	美溪区	宁蒗彝族自治县
沿河土家族自治县	金山屯区	景东彝族自治县
望谟县	五营区	镇沅彝族哈尼族拉祜族自治县
册亨县	乌马河区	孟连傣族拉祜族佤族自治县
黄平县	汤旺河区	澜沧拉祜族自治县
施秉县	带领区	西盟佤族自治县
锦屏县	乌伊岭区	双柏县
剑河县	红星区	大姚县
台江县	上甘岭区	永仁县
榕江县	铁力市	石屏县
从江县	嘉荫县	屏边苗族自治县
雷山县	同江市	金平苗族瑶族傣族自治县
丹寨县	富锦市	文山市
荔波县	抚远县	麻栗坡县
平塘县	海林市	西畴县
罗甸县	宁安市	马关县
三都水族自治县	穆棱市	广南县
东川区	东宁市	富宁县
江川区	林口县	景洪市
澄江县	爱辉区	勐海县
勐腊县	霍山县	米林县
永平县	石台县	墨脱县
洱源县	黄山区	波密县
剑川县	歙县	察隅县

续表

县（区）	县（区）	县（区）
孙吴县	漾濞彝族自治县	休宁县
庆安县	南涧彝族自治县	黟县
绥棱县	巍山彝族回族自治县	祁门县
加格达奇区	泸水县	泾县
松岭区	福贡县	绩溪县
新林区	贡山独龙族怒族自治县	旌德县
呼中区	兰坪白族普米族自治县	青阳县
呼玛县	香格里拉市	永泰县
塔河县	德钦县	永春县
漠河县	维西傈僳族自治县	明溪县
淳安县	当雄县	清流县
文成县	定日县	宁化县
泰顺县	康马县	将乐县
磐安县	定结县	泰宁县
常山县	仲巴县	建宁县
开化县	亚东县	华安县
龙泉市	吉隆县	武夷山市
遂昌县	聂拉木县	浦城县
云和县	萨嘎县	光泽县
庆元县	岗巴县	长汀县
景宁畲族自治县	江达县	上杭县
潜山县	贡觉县	武平县
太湖县	类乌齐县	连城县
岳西县	丁青县	屏南县
金寨县	巴宜区	寿宁县
周宁县	黄龙县	铜鼓县
柘荣县	汉台区	黎川县
浮梁县	南郑县	南丰县
莲花县	城固县	宜黄县
措美县	芦溪县	洋县
洛扎县	修水县	西乡县

续表

县（区）	县（区）	县（区）
隆子县	大余县	勉县
错那县	上犹县	宁强县
浪卡子县	崇义县	略阳县
嘉黎县	安远县	镇巴县
安多县	龙南县	留坝县
班戈县	定南县	佛坪县
尼玛县	全南县	绥德县
双湖县	寻乌县	米脂县
噶尔县	赣县	佳县
普兰县	信丰县	吴堡县
札达县	宁都县	清涧县
日土县	于都县	子洲县
革吉县	兴国县	汉滨区
改则县	会昌县	汉阴县
措勤县	石城县	石泉县
周至县	瑞金市	宁陕县
凤县	南康市	紫阳县
太白县	井冈山市	岚皋县
子长县	遂川县	平利县
安塞县	万安县	镇坪县
志丹县	安福县	旬阳县
吴起县	永新县	白河县
宜川县	靖安县	商州区
洛南县	光山县	张湾区
丹凤县	新县	郧阳区
商南县	商城县	丹江口市
山阳县	茅箭区	郧西县
资溪县	镇安县	竹山县
广昌县	柞水县	竹溪县
婺源县	永登县	房县
博山区	永昌县	夷陵区

续表

县（区）	县（区）	县（区）
沂源县	会宁县	兴山县
台儿庄区	张家川回族自治县	秭归县
山亭区	凉州区	长阳土家族自治县
长岛县	民勤县	五峰土家族自治县
临朐县	古浪县	南漳县
曲阜市	天祝藏族自治县	保康县
泰山区	甘州区	孝昌县
五莲县	民乐县	大悟县
沂水县	临泽县	麻城市
费县	高台县	红安县
平邑县	山丹县	罗田县
蒙阴县	肃南裕固族自治县	英山县
栾川县	山丹马场	浠水县
卢氏县	庄浪县	通城县
邓州市	静宁县	通山县
西峡县	肃北蒙古族自治县	利川市
内乡县	阿克塞哈萨克族自治县	建始县
淅川县	庆城县	巴东县
桐柏县	环县	宣恩县
浉河区	华池县	咸丰县
罗山县	镇原县	武都区
文县	鹤峰县	化隆回族自治县
宕昌县	神农架林区	循化撒拉族自治县
康县	茶陵县	海晏县
西和县	炎陵县	祁连县
礼县	南岳区	刚察县
两当县	新邵县	门源回族自治县
临夏县	隆回县	同仁县
康乐县	洞口县	尖扎县
永靖县	绥宁县	泽库县
和政县	新宁县	河南蒙古族自治县

续表

县（区）	县（区）	县（区）
东乡族自治县	城步苗族自治县	共和县
积石山保安族东乡族撒拉族自治县	君山区	同德县
合作市	平江县	贵德县
临潭县	桃源县	兴海县
卓尼县	石门县	贵南县
舟曲县	永定区	玛沁县
迭部县	武陵源区	班玛县
玛曲县	慈利县	甘德县
碌曲县	桑植县	达日县
夏河县	桃江县	久治县
湟中县	安化县	玛多县
湟源县	资兴市	玉树市
大通回族土族自治县	宜章县	杂多县
乐都区	嘉禾县	称多县
平安区	临武县	治多县
民和回族土族自治县	汝城县	囊谦县
互助土族自治县	桂东县	曲麻莱县
来凤县	安仁县	德令哈市
格尔木市	龙山县	伽师县
东安县	都兰县	乐昌市
双牌县	天峻县	南雄市
道县	冷湖	始兴县
江永县	大柴旦	仁化县
宁远县	芒崖	翁源县
蓝山县	大武口区	新丰县
新田县	红寺堡区	乳源瑶族自治县
江华瑶族自治县	盐池县	信宜市
鹤城区	同心县	兴宁市
洪江市	原州区	大埔县
中方县	西吉县	丰顺县
沅陵县	隆德县	平远县

续表

县（区）	县（区）	县（区）
辰溪县	泾源县	蕉岭县
溆浦县	彭阳县	陆河县
会同县	沙坡头区	龙川县
麻阳苗族自治县	中宁县	连平县
新晃侗族自治县	海原县	和平县
芷江侗族自治县	乌什县	连州市
靖州苗族侗族自治县	阿瓦提县	阳山县
通道侗族自治县	柯坪县	连山壮族瑶族自治县
新化县	疏附县	连南瑶族自治县
吉首市	疏勒县	马山县
泸溪县	英吉沙县	上林县
凤凰县	泽普县	融水苗族自治县
花垣县	莎车县	三江侗族自治县
保靖县	叶城县	阳朔县
古丈县	麦盖提县	灌阳县
永顺县	岳普湖县	资源县
龙胜各族自治县	乌恰县	阿克陶县
巴楚县	伊宁市	阿合奇县
塔什库尔干塔吉克自治县	霍城县	哈巴河县
和田县	巩留县	青河县
墨玉县	新源县	富蕴县
皮山县	昭苏县	福海县
洛浦县	特克斯县	吉木乃县
策勒县	尼勒克县	图木舒克市
于田县	察布查尔锡伯自治县	
民丰县	塔城市	
博乐市	额敏县	
温泉县	托里县	
若羌县	裕民县	
且末县	阿勒泰市	
博湖县	布尔津县	

表 7 – B　新安江生态补偿调研访谈提纲

尊敬的先生/女士：

您好!

为进一步了解新安江流域生态补偿试点的实施效果，深入探究新安江—千岛湖生态保护补偿试验区建设的机制设计和模式优化，我们特开展了本次访谈。访谈分为两个部分，一是对新安江流域三轮生态补偿试点现状进行调研；二是就现阶段新安江—千岛湖生态保护补偿试验区建设进行资料收集。

安徽大学安徽生态与经济发展研究中心课题组

访谈提纲：

（一）三轮试点回顾

1. 过去三轮试点中生态补偿机制是怎样运行的吗？哪些部门参与了？这些部门扮演什么样的角色？试点的效果如何？

2. 新安江流域的生态补偿资金来源有哪些？是如何分配的？各区县是如何使用的？其使用是如何监管的？

3. 请问在前三轮生态补偿过程中，对企业关停的补偿以及对失业、失地者的保障和再就业，采取了哪些措施？

4. 自 2012 年来，新安江流域生态补偿已经过三轮试点，请问在收入分配、基本公共服务和绿色发展等方面取得了哪些成就？流域范围内的居民收入、公共服务、生态环境等方面有什么变化？

5. 总体上来看，您认为前三轮新安江流域生态补偿模式存在哪些问题？有哪些需要改进的地方？有何建议？

（二）新阶段试验区建设

1. 经过前期的研究，我们发现新安江流域生态补偿存在主体局限、社会与市场力量参与不足的问题，请问在试验区建设新阶段，将有哪些市场化机制？有哪些金融创新以及会吸引哪些社会力量参与？

2. 目前来看，黄山市对生态补偿实验区有什么诉求和想法？据您了解浙江省杭州市对生态补偿实验区建设的关切点有哪些？就新安江生态补偿，安徽省和浙江省是如何沟通协商、工作对接的？

3. 生态补偿方式演变的理论逻辑一般是由“输血型”向“造血型”转变，有媒体报道试验区建设将在资金、产业、人才等方面加强皖浙两省合作，请问您能具体给我们介绍一下试验区建设中在产业共建等方面具体的合作方式有哪些？

4. 最后，请问您认为推进新安江—千岛湖生态保护补偿试验区建设的困境和制约因素是什么？您有什么建议？

备注：以上问题如有相关的文件、总结报告、数据等材料，烦请提供，谢谢！